難関入試　算数速攻術

発想と思考力の勝負！

中川　塁　著
松島りつこ　画

ブルーバックス

装幀／芦澤泰偉・児崎雅淑
カバー、本文イラスト／松島りつこ
もくじ・本文デザイン／WORKS（丸田早智子）
本文図版／さくら工芸社

まえがき

速く解くことに徹する

　皆さんこんにちは。速攻術指南役,当塾長の中川塁です。普段は中学受験専門の大手進学塾で算数の指導をしています。本書を手にとって頂き,ありがとうございます。ここに掲載したどの過去問も国・私立中学校の先生方が練りに練って創作された珠玉の良問ばかりです。

　ところで入試本番の算数の考査時間は大体50～60分。中には40分とかなり短い学校もあります。ですから,モタモタ時間をかけていると勝ち目はありません。一本勝負！　スピードとの戦いなのです。

　しかし日頃算数指導の中,受験生達の解法を精査すると,(あちゃ～,この解き方じゃ時間を食い過ぎて勝てないぞ……)と目に余る答案ばかり。何しろ中学入試といえども,合格するためには「より速く,より多く正解してナンボ」の世界。戦線のライバル達を凌駕しなくてはなりません。

　そこで「何とかこの子たちを勝たせる解法集はできないものか？」と熱い思いに駆り立てられ,まとめたのが本書です。しかし,読み返してみると,次のように大人が読んでもすこぶる楽しい内容になりました。

● 時間短縮にこだわると解法も自ずと美しくなる
● 別解を研究することで問題への造詣が深まる
● 思いもよらない解法に新鮮な驚きと発見がある

　私がずっと持ち続けていた「美学」を見事に本書が開花させてくれたような気がします。

本書の楽しい活用法

　本書は中学受験を目指す小学生はもとより，受験生を持つ親御さん，中学・高校・大学生，算数や数学を離れて時間が経過した社会人の方々にも読んで頂きたいと思います。算数の問題を解く楽しさ，意外な解法に出会う新鮮な驚きがあるでしょう。

　まず紙とペンを用意し，どんな方法でもいいですから解いてみて下さい。アッサリ解ける問題もあれば，手ごわいのもあります。「大の大人が解けないわけない！」と意気込んでも，「あれれ，解けなくてちょっと悔しいなぁ」となるかもしれません。あえてそのレベルの問題をちりばめてみました。中学受験算数の問題を見たことのない方は，「へえ？

　こんな難問を小学生が解いちゃうの？」と大いに驚嘆されると思います。そう！　小学生が解くのです！というより解けないと中学入試での勝利はあり得ないのです。

　もしも，手も足も出ない場合は"HOW TO SOLVE"でヒントがつかめるはずです。また「米山ノート」や「光瑠ノート」を覗いてみても興味深いと思います。そこでは受験生にありがちな思考回路が垣間見られます。

　解き終えたら「速攻術 By 塾長」で答え合わせをします。くれぐれも単に○×を付けるだけに終わらないで下さい。塾長の解き方のプロセスをしっかりと味わい読んで下さい。

　そこに書かれた「時間をかけずに解き，他を凌駕するためのプロセス」こそ，本書の真髄だからです。

あくまでも算数で解く

　読者の皆さんの中には，中学・高校で習った代数で解く方

まえがき

もいるでしょう。しかし算数の問題はやはり算数の解法で攻め落とすところに醍醐味があります。本書は中学受験生も対象としていますから、あくまでも算数での解法・解説に徹することにしました。

逆に、代数に置き換えたがために、立ち往生してしまう問題もありますからご注意下さい。

●登場人物プロフィール

米山クン

国立の難関中学校を目指す小学校6年生男子。温和で素直な性格。志望校の偏差値にはもう少しで届く秀才。算数に関してはまだ荒削りな部分を残すものの、教えた事はとても飲み込みが速い。

光瑠（ヒカル）

米山クンの双子の妹で6年生。中堅の女子中学校進学を望む元気な女の子。偏差値は中位の上。算数はやや不得意。教えた事をすぐ忘れてしまうので繰り返し学習で定着を目指す。

中川塾　塾長

「正解する喜び」を掲げ、長年算数を指導。その経験を活かし「速く・正確に・そして美しく」をモットーに解法研究をして多くの受験生に伝授する。

末筆ながら，私を励まし多くのサジェスチョンを下さった講談社ブルーバックス出版部の小澤久さん，数々のわがままを聞き入れ編集の調整をして下さった能川佳子さん。この企画に陽の目を見せて下さった雑誌販売局江間維利さん。登場人物のキャラクターを見事なまでに描き切り，楽しい画にして下さったイラストレーター松島りつこさん。

　皆様ありがとうございました。この場をお借りして心から御礼申し上げます。

中川　塁

もくじ

まえがき ……… 3

問題1	対角線，正方形を斬る！ ……… 9
問題2	「0」のご両親 ……… 17
問題3	女子中学校ガチンコバトル ……… 23
問題4	グラフは助っ人 ……… 29
問題5	面が回れば ……… 36
問題6	通分は大変 ……… 46
問題7	地道は危険？ ……… 53
問題8	濃度って必要？ ……… 59
問題9	アイデア拝借 ……… 66
問題10	樹形図は便利だけど ……… 74
問題11	出世払いでいい？ ……… 80
問題12	消失マジック ……… 86
問題13	全部書き上げよう？ ……… 91
問題14	天文学的数字 ……… 96
問題15	変化しないものは？ ……… 104
問題16	複雑なやり取りはNG ……… 109
問題17	点が動いても一定のもの ……… 114
問題18	厄介ものの切り口 ……… 121
問題19	体積＝底面積×高さ ……… 131
問題20	図形カウンター ……… 143
問題21	数えるだけなら ……… 148
問題22	×÷は一気につなげて ……… 155

問題23	公約数が見つからない ……… 161
問題24	水の体積は？ ……… 167
問題25	全体は不要 ……… 176
問題26	言外の数字 ……… 182
問題27	抽象的難解問題 ……… 188
問題28	条件が足りない！ ……… 196
問題29	自分が回ってどうするの？ ……… 203
問題30	同い年の親子？ ……… 212

Column　たかが計算，されど計算 ……… 218

索引 ……… 229

問題1　対角線，正方形を斬る！

　下の図のように，正方形のマスをたてに3個，よこに5個並べて長方形を作ります。この長方形の1本の対角線は，斜線の7個のマスを通過します。
　次の各問いに答えなさい。

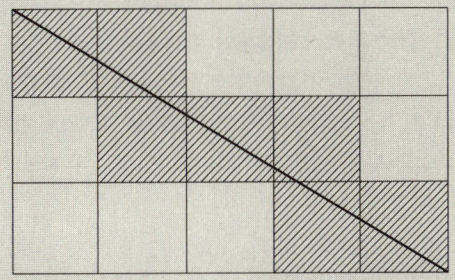

(1) 正方形のマスをたてに7個，よこに11個並べた長方形を作るとき，この長方形の対角線は，何個のマスを通過しますか。

(2) 正方形のマスをたてに39個，よこに51個並べた長方形を作るとき，この長方形の対角線は，何個のマスを通過しますか。

(渋谷教育学園幕張中)

◉おことわり

　導入部分の説明に「1本の対角線」とありますが，設問では単に「対角線」としかありません。長方形に対角線は2本ありますが，ここでは1本と解釈して解説を進めます。

 # HOW TO SOLVE?

　この問題は解法を知っているか否かで大きく差の付く問題と言えます。なかなか面白い問題なので取り上げます。塾でこの問題を出題した時，過去に類題を解いて経験がある塾生を除いてまず正解者はいませんでした。

　では，超が付く難問かと言えばそうでもありません。突破口を見出しにくいパズルのような要素を持った問題です。

ズバリ，使う手は「植木算」です。

たて・よこのラインと対角線とが交わる点の数を数え上げるだけの単純な解法なのですが，「植木算」の応用問題であることを知らなければ全くお手上げになってしまうのです。

塾長のワンポイントアドバイス

　「植木算ってどんな算術だっけ？」という場合もあるかもしれませんので，少しおさらいをしておきましょう。一直線に植える場合，「木の本数」と「木と木の間の数」は異なることを利用する算術です。この問題で用いる植木算は，「両はしには植えないタイプ」です。

　植木を「たて，よこのライン」に見立て，また木と木の間

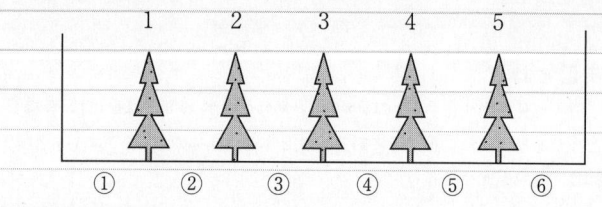

問題1 対角線,正方形を斬る!

を「通過する正方形」と見なします。仮に木を5本植えるとしましょう。すると,木と木の間は5+1=6(ヵ所)です。この考え方を念頭に置きながら問題を考えてみます。

米山:しかし中学入試でこんな問題を出すんですねえ。
塾長:どこから手を付ければいいのか迷っているね。
米山:まるでパズルのような問題ですよ。
塾長:まさか,地道に描こうなんて思ってないよね,米山クン。お絵描きじゃないよ。
米山:その,まさかです。作図には自信がありますから。

―― 数分後 ――

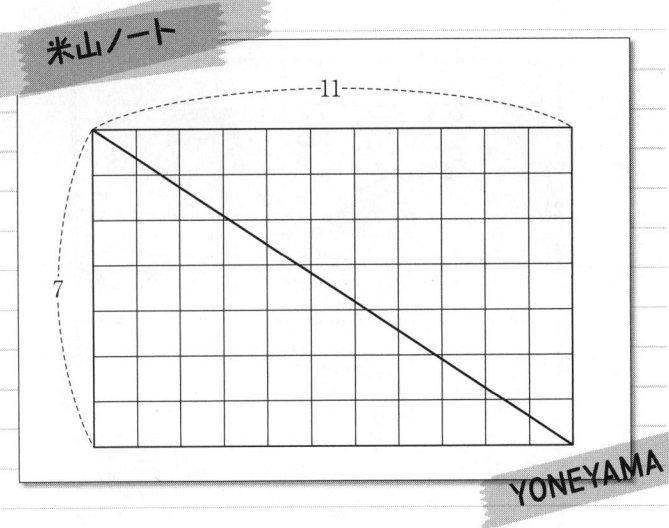

米山ノート

11

問題1　対角線, 正方形を斬る!

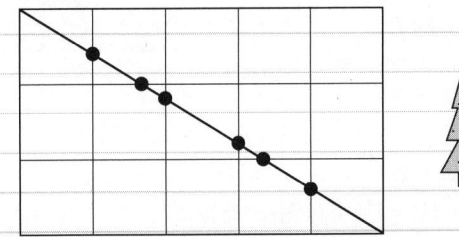
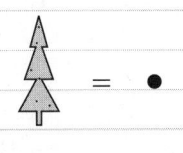

塾長：3と5は互い素だから, 対角線は途中の格子点(小さい正方形の頂点)を通過することはない。

●の数の数え方は,
　　　たてのラインとの交点　5−1=4(点)
　　　よこのラインとの交点　3−1=2(点)
合計　4+2=6, 6点で交わっているよね。
点と点の間に正方形が挟まれているから, 植木算(両はしは植えない)の考え方で,
　　　木と木の間の数＝木の本数+1
を使い, 6+1=7(個)とアッサリ求まる。

米山：ああ, 本当だ。点と点の間に1個ずつ正方形が挟まってますね。単純な植木算だ。なるほどねっ。

一口メモ──互い素
「互いに素」とも言い, 最大公約数が1以外にない数どうしの関係。互いに素数という意味ではないので注意。

速攻術 By 塾長

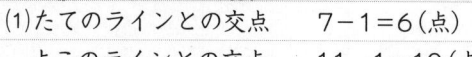

(1) たてのラインとの交点　　7−1=6(点)
　　よこのラインとの交点　　11−1=10(点)
　　通過する正方形のマス
　　　　6+10+1=17(個)……答え

(2) 39と51は「互い素ではない」ので要注意。

$$3\ )\ \underline{39,\ 51}$$
$$13,\ 17$$

最大公約数3だから，
たて13マス，よこ17マスの長方形が3回対角線上に現れる。
それぞれの長方形で，
たてのラインとの交点　　13−1=12(点)
よこのラインとの交点　　17−1=16(点)

よって全体で，(12+16+1)×3=87(個)……答え

塾長のワンポイントアドバイス

(2)の39マスと51マスの場合の補足説明です。

　図のように，最大公約数3ですから対角線上に13×17の長方形が3回現れます。そのうち1つの長方形で，対角線が通過するマスを数え，3倍すればいいのです。

問題1 対角線，正方形を斬る！

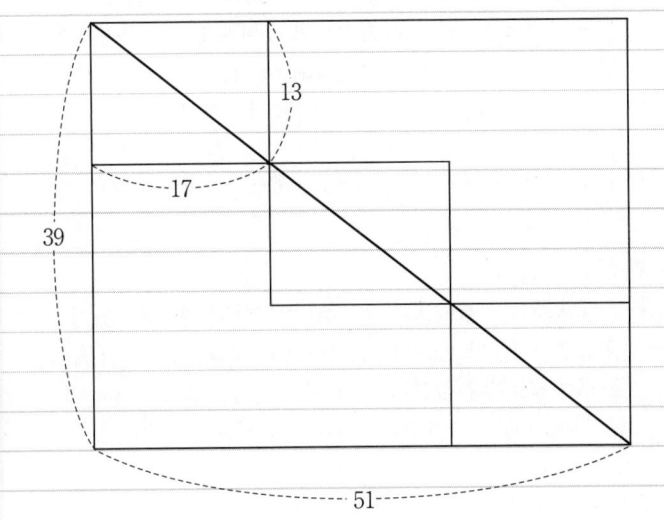

宿題

　一辺の長さが1cmの正方形をしたタイルをすきまなく並べて長方形を作り，この長方形の一つの対角線に沿ってタイルを切ったとき，切られたタイルの個数を数えます。

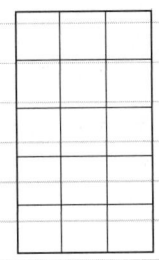

> (1) タイル5184個をたて81cm, 横64cmの長方形に並べたとき, 切られたタイルは何個ですか。
> (2) タイル11664個をたて144cm, 横81cmの長方形に並べたとき, 切られたタイルは何個ですか。
>
> (灘中改題)

◉解答

(1) たてのラインとの交点　　81−1＝80(点)
　　よこのラインとの交点　　64−1＝63(点)
　　通過する正方形のマス
　　　80＋63＋1＝144(個) ……答え

(2) 144と81は「互い素ではない」ので要注意。

$$9\,)\,\overline{144,\ 81}$$
$$16,\ \ 9$$

最大公約数9だから，
たて16cm, よこ9cmの長方形が9回対角線上に現れる。
それぞれの長方形で，
たてのラインとの交点　　16−1＝15(点)
よこのラインとの交点　　9−1＝8(点)

よって全体で, (15＋8＋1)×9＝216(個) ……答え

問題2　「0」のご両親

問題2　「0」のご両親

> 1から200までの整数をすべてかけ合わせたときの答えは，一の位から連続して0がいくつ並びますか。
>
> (洗足学園中)

 **HOW TO SOLVE?**

　くれぐれも全部かけ合わせようなんて考えないで下さい。「割り切れる回数」と関連した問題です。
　やはり素因数分解をイメージしながら解くのですが，末尾の0が発生するメカニズムを知らないと解けません。

米山：1から200まで全部かけようと思いましたが，天文学的数字になりそうなので，やっぱりやめておきます。

塾長：それは無理！　ならばどうすれば末尾に0が生まれてくるのかを理解しないとね。0ができるかけ算の例を挙げてみてくれる？

米山：4×5＝20とか6×5＝30は0ができますね。偶数×5かな。3×5＝15で0はできないですね。奇数は無理です。

塾長：20＝2×2×5，30＝2×3×5と素因数分解できるよね。よーく比較してみようか。

米山：2×5の組が1組ずつ……か。2と5に関係ありそう。

17

2×5×5=50で……まだ1個か。

塾長：じゃあ，思い切って100はどうだ？ 0が2個並ぶよ。

米山：100＝2×2×5×5＝(2×5)×(2×5)

おおっ，2組だから2個か。解ってきたぞ！

2×5の組が何組あるかを調べればいいのかな？

塾長：その通り。じゃ例題を解いてみようか。

米山ノート

200÷2＝100(個) ……2の倍数の個数
200÷5＝40(個) ……5の倍数の個数
少ない方の5の個数に合せて40組より40個……答え

YONEYAMA

塾長：ブーッ！ バツ！
米山：ええ〜？ 何で？

問題2 「0」のご両親

速攻術 By 塾長

素因数分解したとき2の個数より5の個数の方が少ないので5の個数だけを調べればよい。(以下余りは省略)

200÷5=40……5の倍数の個数
40÷5=8……25の倍数の個数
8÷5=1……125の倍数の個数
40+8+1=49(個)……答え

塾長：さっき米山クンは，200÷5だけでやめてしまった。残念！ 確かに5の倍数を調べたところまではよかった。しかし，さらに5の素因数を持つ5の倍数，5×5=25の倍数，5×5×5=125の倍数，は念頭になかったようだね。

米山：うう，悔しいな。
ところで，2の個数は調べなくても大丈夫なんですか？

塾長：それそれ！ 米山クン，いい質問だよ。
実際に調べてみようか。米山クン，計算して。

米山：はい，やってみます。

米山ノート

200÷2=100
100÷2=50
50÷2=25
25÷2=12

問題2 「0」のご両親

```
12÷2=6
6÷2=3
3÷2=1

1から200までの積の中の素数2の個数
=100+50+25+12+6+3+1=197(個)
……答え
```

YONEYAMA

米山：今度は大丈夫です。先生，197個もありました。

塾長：「197個も」あったでしょう？ 5は何個だった？

米山：49個しかありませんでした。

塾長：ほら，2はたくさんあるけど，結局「2×5」の組み合わせは49組しか出来ないでしょ！

米山：あっ，そういうことか！ 納得！ よく解りました。

類題

偶数を，2から100までかけた2×4×6×8×…×98×100の積は，一の位から0が何個続きますか。

（筑波大学附属中）

塾長のワンポイントアドバイス

2から100までの偶数だけの積なので，やはり2の個数よりも5の個数の方が少ないことは明らかです。

5の倍数にしても，すべて偶数ですから，2から100までは少なくとも，

　　2×5=10の倍数，

2×5×5＝50の倍数

の個数を調べればよいことがわかります。

速攻術 By 塾長

偶数だけに絞られるので
2×5＝10の倍数，2×5×5＝50の倍数を調べる。

$$100÷10＝10$$
$$10÷5＝2$$
$$10＋2＝12(個)……答え$$

宿 題

1から100までの3の倍数の積3×6×9×12×……×96×99は，一の位から連続して0が□個並びます。

(日本大学中)

解説

3と5の公倍数15の倍数と，3×5×5＝75の倍数を調べます。

$$100÷15＝6$$
$$100÷75＝1$$

5の個数＝6＋1＝7(個)より7個の0が並ぶ。……答え

念のため2の個数も調べるには，2と3の公倍数6の倍数を調べる。

$$100÷6＝16$$

で充分2はそろっている。

問題3　女子中学校ガチンコバトル

台形ABCDの対角線BD上に，点Eを，ADとECが平行になるようにとりました。三角形あと三角形いの面積を求めなさい。

(女子学院中)

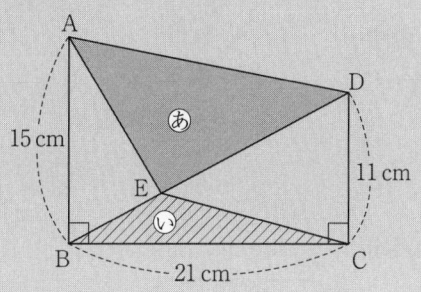

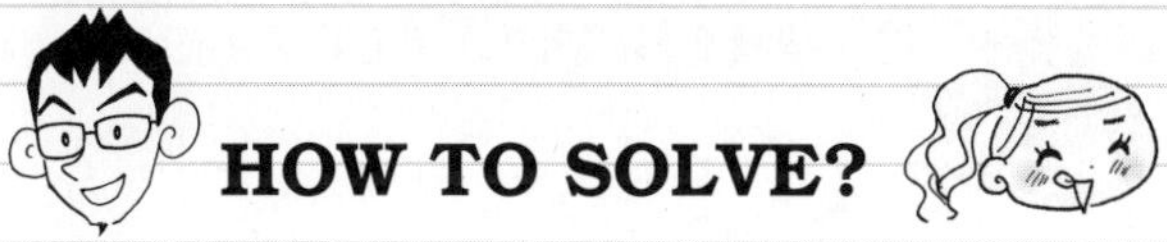

HOW TO SOLVE?

「平行」から等積変形と相似を使って解く問題です。シンプルですぐ解けそうな気がしますが，女子中学の図形問題としてはなかなかの難問です。特にいの求め方が難しいのではないでしょうか。

キーワードはADとECの「平行」

あを求めるためには「等積変形」，いは相似の三角形の利用です。補助線が要りそうです。

塾長：女子中学の図形問題としては難問だと思うよ。
あはともかく，いをどうするかだね。

光瑠：平行から連想する，等積変形，相似の三角形……。

塾長：そう，そんなところだね。方針はOK。

光瑠：じゃまず㋐だけでも求めてみますね。

光瑠ノート

ADとECは平行より，ECに沿ってCまで㋐の頂点を動かして，等積変形。高さが等しいので面積は変わらない。

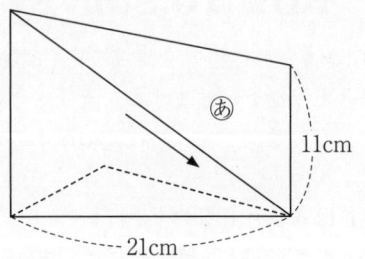

$$㋐の面積 = 11 \times 21 \times \frac{1}{2}$$
$$= 115.5 \, (\text{cm}^2)$$

問題3 女子中学校ガチンコバトル

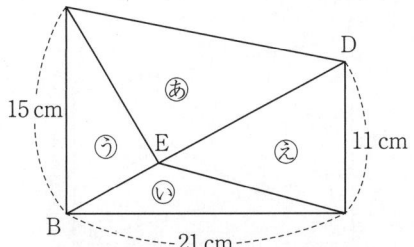

$$\text{⑤の面積} = 15 \times 21 \times \frac{1}{2} - 115.5 = 42 \, (\text{cm}^2)$$

面積比 ⑧ : ⑤ = 115.5 : 42 = 11 : 4 より
DE : BE = 11 : 4
面積比 ⑨ : ⑩ = 11 : 4
$$\text{⑩の面積} = 115.5 \times \frac{4}{4+11} = 30.8 \, (\text{cm}^2)$$

塾長：正解。

光瑠：先生，⑩の求め方が少し遠回りのような気が……。

塾長：そうだね。⑤の面積を求めたところが余計だな。補助線を入れてみようか。そうすれば⑤の面積は必要なくなる。

速攻術 By 塾長

ECを延長してABと交わる点をFとする。
四角形AFCDは平行四辺形だから
　　AF = 11 (cm)
　　FB = 15 - 11 = 4 (cm)

25

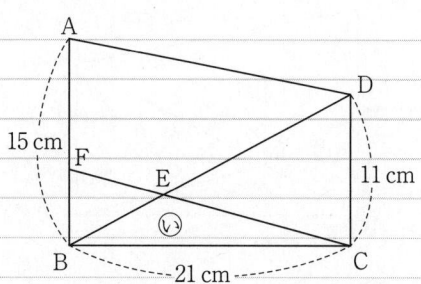

三角形BEFと三角形DECは相似で,
　　相似比＝4：11
　　FE：EC＝4：11
だから，この底辺の比で三角形BCFを比例配分して
ⓘが求まる。

$$ⓘの面積 = 21 \times 4 \times \frac{1}{2} \times \frac{11}{4+11}$$
$$= 30.8 (cm^2) \cdots\cdots 答え$$

光瑠：さすが塾長，いいところに気が付きますね。速い。

塾長：ぜひ，この技を試験場で活かしてほしいね。

相似比4：11と面積比について補足するよ。

お馴染みの相似の三角形Z型だ。

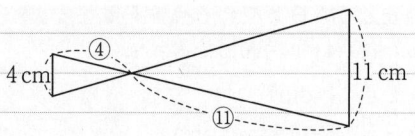

問題3　女子中学校ガチンコバトル

ＢＦ：ＤＣで得た相似比をＦＥ：ＥＣに転用したら，下の図のように並んだ二つの三角形の面積にさらに転用して，④：⑪となるからここで比例配分する。

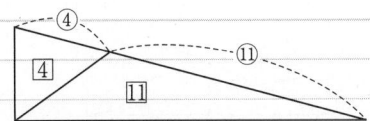

類題

下の図において，台形ＡＢＣＤは角Ｂ，角Ｃが直角です。ＢＤは台形の対角線で，ＡＤとＥＣは平行です。
(1)三角形ＡＥＤの面積は何cm^{2}ですか。
(2)三角形ＢＣＥの面積は何cm^{2}ですか。　　（品川女子学院中）

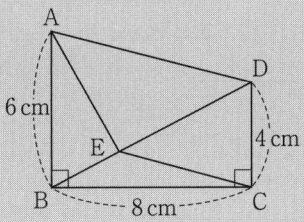

速攻術 By 塾長

(1) $4 \times 8 \times \dfrac{1}{2} = 16 (cm^2)$ ……答え

(2) ＥＣを延長してＡＢと交わる点をＦとする。
　　四角形ＡＦＣＤは平行四辺形だから

AF＝4(cm)

FB＝6－4＝2(cm)

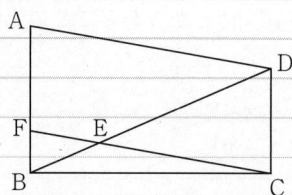

三角形BEFと三角形DECは相似で，

　　　相似比＝2：4＝1：2

FE：EC＝1：2だから，この底辺の比で三角形BCFを比例配分して三角形BCEの面積が求まる。

$$三角形BCEの面積 ＝ 8 \times 2 \times \frac{1}{2} \times \frac{2}{1+2}$$

$$= 5\frac{1}{3} \ (cm^2) \cdots\cdots 答え$$

問題4 グラフは助っ人

A町とB町の間の道のりは15kmあり，その間を1台のバスが往復します。太郎君は，バスがB町を出発すると同時に，自転車でA町からこのバス通りをB町に向けて出発しました。下のグラフは，そのようすを表しています。次の□に適当な数を入れなさい。

(1) 自転車の速さは，時速□kmです。
(2) 太郎君は，A町を出発してから□分後にバスに追いこされます。

(慶應義塾中等部)

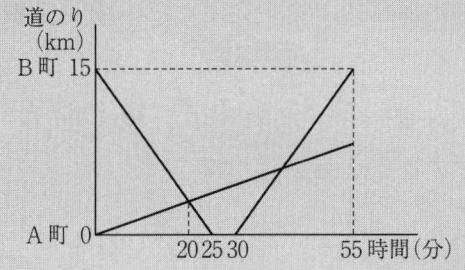

 **HOW TO SOLVE?**

頻出するグラフ付きの旅人算です。旅人算とは2者以上の人や乗り物が出会ったり，追いついたりする様子を問題にしたものです。一人で旅する者もいるじゃないか。それなのになぜ旅人算なのだ。なんて突っ込みがあるかもしれませんが，慣例でこう呼んでいます。

旅人算では2者の進んでいる方向によって計算の方法が変わります。

2者が反対方向に進む場合……速さの和で処理
2者が同じ方向に進む場合……速さの差で処理

そしていずれも2者の隔たりを道のりとして扱います。
　この問題文では大まかな進行の様子を述べるに留められていますが、グラフに重要な数字がちりばめられているので、しっかりと見極めなければなりません。

今回も米山クンが堅実に解いてくれているようです。

塾長：出会い算と追いつき算が両方出てくるね。
米山：簡単、簡単。反対方向は速さの和。同方向は速さの差。
塾長：時間の換算も素早く正確に願うよ。
米山：焦らせないで下さい、先生。
塾長：……。
米山：ふう。できました。

問題4　グラフは助っ人

米山ノート

(1) 25分 = $\frac{5}{12}$ 時間，20分 = $\frac{1}{3}$ 時間

$15 \div \frac{5}{12} = 36$ (km/時)……バスの時速

$36 \times \frac{1}{3} = 12$ (km) ……出会うまでバスが走った距離

$(15-12) \div \frac{1}{3} = 9$ (km/時)……自転車の時速……答え

(2) 30分 = $\frac{1}{2}$ 時間

$9 \times \frac{1}{2} = 4\frac{1}{2}$ (km)……バス出発時の自転車との隔たり

$4\frac{1}{2} \div (36-9) = \frac{1}{6}$ (時間) = 10 (分)

$30 + 10 = 40$ (分後) ……答え

YONEYAMA

塾長：できた解答ではあるけど，スピード感が乏しいな。

米山：やっぱり比を使うってことですか。

塾長：そうそう。同じ道のりを進んで時間がそれぞれ具体的に分かるところをグラフの中で探す。

米山：どこですか？

塾長：0分と20分と25分のところ。

米山：あっ，そうですね。ありました。つまり，

(20分−0分) : (25分−20分) = 4 : 1

の時間比から逆比で速さの比を求めるのですね？

塾長：そうそう。逆比は便利。

速攻術 By 塾長

(1) 時間の比　自転車：バス＝20分：(25−20)分
　　　　　　　　　　＝4：1

　速さの比　自転車：バス＝1：4（逆比）

　バスの時速＝15÷25×60＝36（km/時）

　自転車の時速＝36÷4＝9（km/時）……答え

(2)

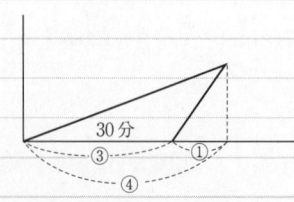

　④−①＝③……30分

に相当するから，

バスに追いこされるのは④の時間で，

$30 \times \dfrac{④}{③} = 40$（分）……答え

類題

家から1500m離れた公園があります。妹は家から歩いて公園に向かいました。姉は少し遅れて妹の2.5倍の速さで同じ道を自転車で追いかけました。次のグラフは、そのときのようすを表したものです。次の問いに答えなさい。

(1) 姉の自転車の速さは毎分何mですか。

問題4 グラフは助っ人

(2)妹が家を出た後,姉は何分後に家を出ましたか。
(3)姉が妹に追いつくのは妹が家を出てから何分何秒後ですか。

(玉川聖学院中等部)

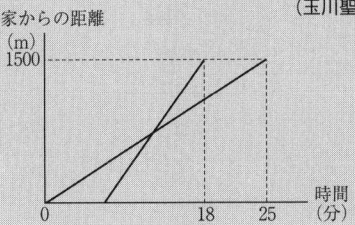

 **HOW TO SOLVE?**

比を上手く使いこなしてこの問題にチャレンジしてみて下さい。まず「2.5倍の速さ」から姉と妹の速さの比を簡約しておきます。さらに逆比で時間の比まで求めておき,(3)で使いましょう。姉が出発するときの2人の隔たりを求めなくても解けます。これこそ旅人算を速算する醍醐味ではないでしょうか。

速攻術 By 塾長

速さの比　姉:妹＝2.5：1
　　　　　　　＝5：2
時間の比　姉:妹＝②：⑤（逆比）

(1) $1500 \div 25 \times \dfrac{⑤}{②} = 150$ (m/分)……答え

(2) $25 \times \dfrac{②}{⑤} = 10$ (分)……姉のかかった時間

33

18−10=8（分後）……答え

(3)
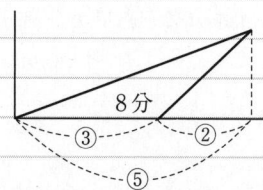

⑤−②=③……8分に相当

題意より⑤を求める。

$$8 \times \frac{⑤}{③} = 13\frac{1}{3}（分）$$

$$= 13分20秒……答え$$

宿題

兄は8時30分に自転車に乗ってA町を出発し，6km離れたB町まで買い物に行きました。買い物の後，来た道を同じ速さでA町まで戻りました。

次のグラフは兄がA町を出発してからの時間と，A町からの距離の関係を表したものです。このとき，後の問いに答えなさい。

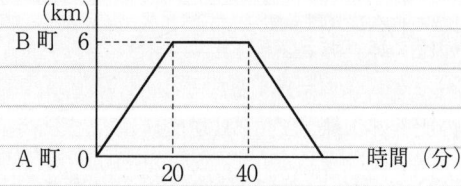

(1) 兄の自転車の速さは毎時何kmですか。
(2) 兄がA町に戻ったのは何時何分ですか。

(3) 弟はB町を8時30分に出発して、兄と同じ道を一定の速さでA町に向かったところ、兄と同時にA町に着きました。弟がB町を出発してから最初に兄に出会うのは何時何分ですか。

(玉川聖学院中等部)

解説

(1) 20分 = $\dfrac{20}{60}$ 時間 = $\dfrac{1}{3}$ 時間

$$6 \div \dfrac{1}{3} = 18 \text{(km/時)} \cdots\cdots 答え$$

(2) B町から再び20分で戻るから、

8時30分 + 40分 + 20分 = 9時30分 ……答え

(3) 片道の時間の比

兄 : 弟 = 20分 : 60分 = ① : ③

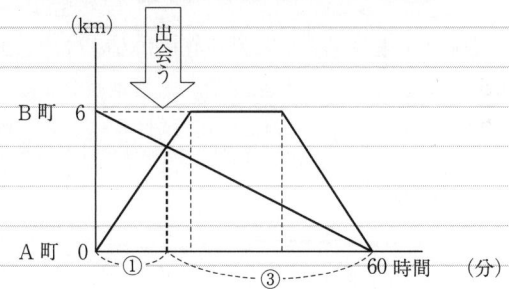

グラフより、出発して①の時間で兄弟は出会う。

$$60 \times \dfrac{①}{①+③} = 15 \text{(分)}$$

8時30分 + 15分 = 8時45分 ……答え

問題5　面が回れば

右の図の平行四辺形アを直線イのまわりに1回転させてできる立体の体積は何cm³ですか。ただし，円周率は3.14とします。
(淑徳与野中改題)

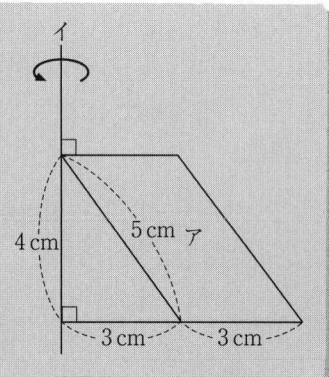

HOW TO SOLVE?

平行四辺形が回転する？　どんな立体になるのでしょうか。円形の台のようで，中が空洞で。まず誰もがこんな絵を描くと思います。しかしこれだけでは体積は求められないでしょう。

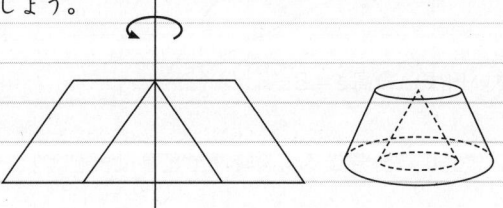

塾長：回転図形は立体の見取り図を描けば筋道が立てやすいからどんどん描き出して考えてね。どんな図にな

るかな，米山クン？

米山：大きい円すいから上半分を切り取って，それと同じサイズの円すいも下からくり抜いてありますね。

塾長：おー，さすがだね！ 数字に気をつけて式を立ててみようか。

米山ノート

元の円すいの高さ
= 4×2
= 8 (cm)

大きい円すいの体積は，

$$6×6×3.14×8×\frac{1}{3}=301.44\,(\text{cm}^3)$$

小さい円すいの高さ=8−4=4 (cm) なので，体積は，

$$3×3×3.14×4×\frac{1}{3}=37.68\,(\text{cm}^3)$$

2個切り取るので，

$$301.44-37.68×2$$
$$=226.08\,(\text{cm}^3) \cdots\cdots\text{答え}$$

YONEYAMA

塾長，こんな感じでどうでしょう
6×6
3.14×8×$\frac{1}{3}$=
3.14×4×$\frac{1}{3}$
うん，正解だけどね
だけど……？　もっといい手があるんですね
ここでも比が使えないかな
円すい大小は「相似形」だよね
相似比から体積比は容易に導けるでしょう？
確か体積比は，相似比の３乗で求まりますよね
これをどう使うのですかっ
考えがまとまりません
こりゃ
じゃあ例題を使って研究してみようか？

《参考問題》

右図は円すいを底面に平行な平面で切ってできた立体です。高さが元の円すいの半分であるとき、この立体の体積は元の円すいの体積の何倍ですか。

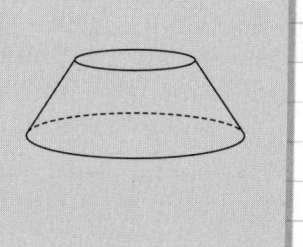

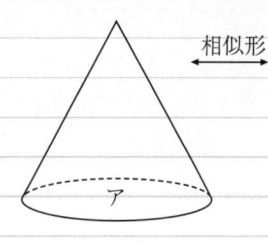

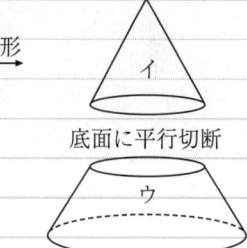

(逗子開成中)

図のように底面に平行で高さが半分で切ったとき、円すいの大小つまりアとイは相似形になります。相似比を3乗すれば即座に体積比が得られます。底面の半径が2倍(円の面積は半径の2乗に比例)、高さも2倍になるからです。

相似比　ア：イ＝2：1
体積比　ア：イ＝(2×2×2)：(1×1×1)
　　　　　　　＝8：1

ウの体積比＝8－1＝7より、$\frac{7}{8}$倍……答え

塾長：この考え方を取り入れて、米山クンの答案をさらに進化させれば次の解き方が模範解答になる。小さい円すいは大きい円すいの8分の1の体積であることを利用するよ。

速攻術 By 塾長

8の内1の大きさの円すいを2個切り取るので,

残りの立体の割合

$= \dfrac{8-2}{8} = \dfrac{3}{4}$ (倍)

$6 \times 6 \times 3.14 \times 8 \times \dfrac{1}{3} \times \dfrac{3}{4}$

$= 226.08 \,(\text{cm}^3)$ ……答え

米山:ああ,なるほど。先に割合で引き算をしてしまうのか。

塾長:そうそう。かなり式も軽くなったしね。米山クン,今日は特別に次の裏ワザを講義しちゃうよ。滅多に塾じゃ教えてもらえないワザ。

米山:ええっ! もっといい手があるんですか?

パップス・ギュルダンの定理を使う

回転体の体積や表面積をあっさり求める方法にパップス・ギュルダンの定理があります。

回転体の体積=図形の面積×図形の重心の動く距離

あまり馴染みのない定理かもしれませんが,本番では時間の節約に大いに力を発揮します。しかし,残念ながら算数の範囲では「平面図形の重心」は扱いません。中学校の数学で初めて扱うことになります。複雑な図形の場合,重心の位置は算数の範囲で求めるには無理があるからです。

ただ,点対称の図形に限れば重心は図形の中心と同じですから容易に求められますので,コッソリ教えている塾の先生もいるようです。

問題5 面が回れば

速攻術 By 塾長

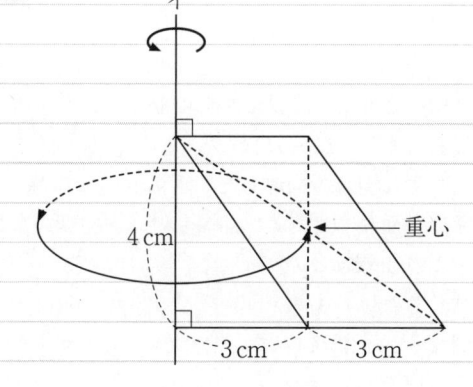

別解

回転図形アは平行四辺形で点対称。図のように対角線を引くと交点が重心であり、回転軸からの距離は図より3cm。回転すると直径6cmの円を描く。

　　求める体積
　＝アの面積×重心の動く距離
　＝3×4×6×3.14
　＝226.08（cm³）……答え

塾長：どう？　スマートな解法でしょう？

米山：これも面白い解き方ですね。実戦で使わせていただきます。

《参考問題》

面白い類題を演習してみましょう。回転軸から離れた円

が1回転してできる立体はドーナツの形になります。専門用語で「トーラス」といいます。こんな変わった形でも，算数の範囲で立派に体積を求めることができます。

類題

下の図のような，回転軸から中心までのきょりが4cmのところに半径2cmの円があります。『回転軸に交わらない点対称な図形を回転してできる立体の体積は「回転する図形の面積」と「対称の中心と回転軸とのきょり」をかけたものに比例する』を利用して，この円を回転軸のまわりに回転してできるドーナツ状の立体の体積を求めなさい。

(渋谷教育学園渋谷中)

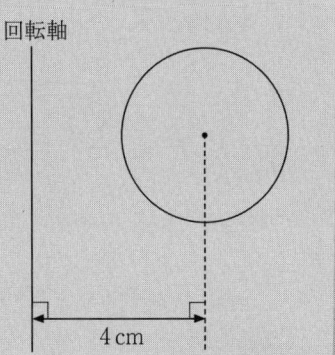

速攻術 By 塾長

回転する円の中心が重心。(円も点対称図形)
重心は直径4×2=8(cm)の円を描いて回転する。

　　求める体積
　＝円の面積×中心の移動距離
　＝2×2×3.14×8×3.14
　＝315.5072(cm^3)……答え

3.14が2回かけ算される、珍しい式になりましたが、こんな特殊な形の立体の体積も速攻で求められるのです。

ではなぜこんな式で体積が求められるのかを補足します。このトーラスを放射状に輪切りにして、高低を交互に積み上げると図のようになります。図は30等分ですが、切り方を薄くすればするほどきれいな円柱形に近づきます。こういう手法を「等積変形」と呼んでいます。

このことからも、トーラスの体積は、

　　円柱の体積
　＝底面積×高さ
　＝円の面積×円の中心の移動距離

で求められるわけです。

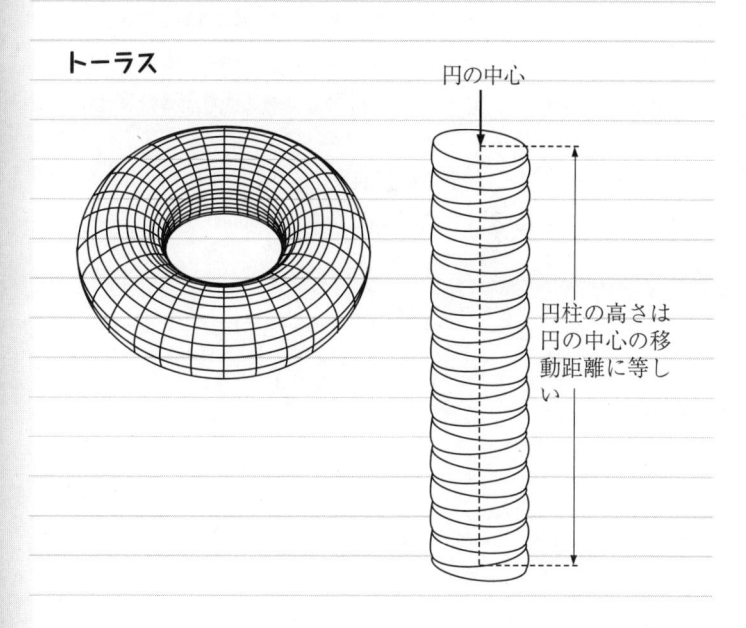

トーラス

円の中心

円柱の高さは円の中心の移動距離に等しい

宿題

図のような，正方形の穴のあいた長方形を辺CDを軸として1回転させてできる立体の体積は□cm³です。ただし，辺CDと辺GHは平行であるとします。　(品川女子学院中)

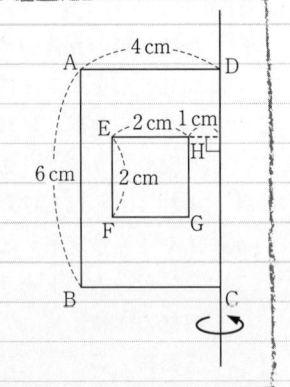

◎解説

正方形EFGHのたての位置を示す数値が特に書かれていません。ただし，体積を求める場合，回転軸と平行移動しても体積は変わらないことを利用します（等積移動・変形）。

まず，正攻法なら全体の円柱から空洞部分が描くドーナツ状の立体を差し引きすることになるでしょう。

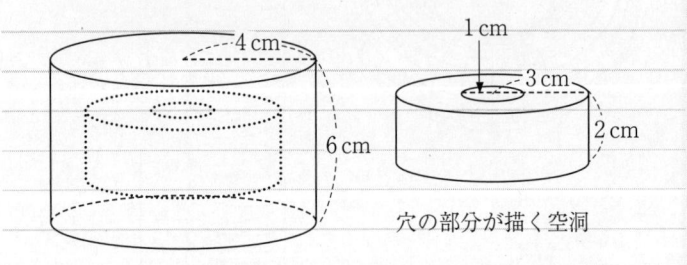

穴の部分が描く空洞

$$4 \times 4 \times 3.14 \times 6 - (3 \times 3 - 1 \times 1) \times 3.14 \times 2$$
$$= 251.2 \, (\text{cm}^3) \cdots\cdots 答え$$

🔵 別解

一方, パップス・ギュルダンの定理を用いると式が少し異なることがわかります。

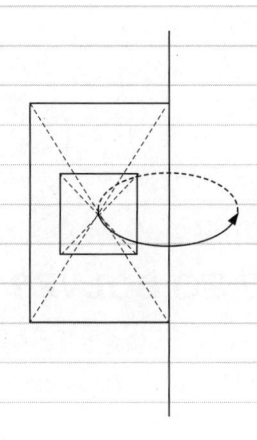

4÷2×2＝4(cm)……重心の回転で描かれる円の直径
(6×4−2×2)×4×3.14
＝251.2(cm³)……答え

問題6 通分は大変

> $\frac{2}{9}$ より大きく $\frac{4}{15}$ より小さい，分母が54の既約分数を求めなさい。

HOW TO SOLVE?

ある範囲にはさまっていて，指定された分母を持つ分数を答える問題です。例題のように既約分数のみ選択する場合と，未約分数も含めてよい場合とがあります。

いずれの問題も両端の分数と共に通分してしまえば済んでしまうのですが，最小公倍数で通分すると大きな数になってしまう場合があります。時間と労力がいり，その上計算ミスのリスクをも背負ってしまいます。

そこで，通分を回避して，必要な分数のみを即座に取り出せる方法をお見せしましょう。

どうやら米山クンは通分に走ってしまったようです。

塾長：解ける人，いますか～。

米山：いますか～って，先生。生徒はボク一人だけですが……。

塾長：あぁ，そうか。忘れてた。

米山：……。

問題6 通分は大変

―― 数分後 ――

米山：やっぱ通分しか手はないでしょう。分母9は6で倍分して54にできるけど15が無理ですね。

米山ノート

9, 54, 15の最小公倍数は270

$$\frac{60}{270} < \frac{\boxed{}}{270} < \frac{72}{270}$$ より

$\boxed{}$＝61以上71以下だから，

$\frac{61}{270}$, $\frac{62}{270}$, $\frac{63}{270}$, $\frac{64}{270}$, $\frac{65}{270}$, $\frac{66}{270}$, $\frac{67}{270}$,

$\frac{68}{270}$, $\frac{69}{270}$, $\frac{70}{270}$, $\frac{71}{270}$ より

$\frac{65}{270} = \frac{13}{54}$, $\frac{70}{270} = \frac{7}{27}$ のうち，適するのは $\frac{13}{54}$

……答え

YONEYAMA

塾長：うっわっ，分母270？ 大きすぎる！ 字も汚いし。

米山：ええーっ？ 活字だから汚いかどうか判んないでしょ！

塾長：まあいいや。とにかく分母がデカすぎるから，分子の幅も広くなるよね。

米山：そうですね。

塾長：54の分母に戻すのも厄介だし。ここはもっと効率良く見つける方法でいこうよ。

速攻術 By 塾長

$\dfrac{2}{9} < \dfrac{\boxed{}}{54} < \dfrac{4}{15}$ のとき,

$\dfrac{12}{54} < \dfrac{\boxed{}}{54} < \dfrac{\bigcirc}{54}$ の $\bigcirc$ を考える。

$\bigcirc = \dfrac{4}{15} \div \dfrac{1}{54} = \dfrac{4}{15} \times 54 = 14\dfrac{2}{5}$

（ここがポイント）

よって, $12 < \boxed{} < 14\dfrac{2}{5}$ より,

$\boxed{} = 13, 14$

内, 54と互い素は13なので $\dfrac{13}{54}$ ……答え

類題

以下の条件をすべて満たす整数 $\boxed{}$ について考えます。

[条件1] $\dfrac{8}{5} < \dfrac{\boxed{}}{12} < \dfrac{63}{10}$

[条件2] $\dfrac{\boxed{}}{12}$ はこれ以上約分できない。

このとき, 次の(1), (2)の問いに答えなさい。考え方と計

問題6 通分は大変

> 算も書きなさい。
> (1)このような整数□の中で，最も小さいものと，最も大きいものを求めなさい。
> (2)このような整数□は全部で何個ありますか。
>
> (浅野中改題)

速攻術 By 塾長

□の範囲は，

$\dfrac{8}{5} \div \dfrac{1}{12} = 19\dfrac{1}{5}$ より大きく，

$\dfrac{63}{10} \div \dfrac{1}{12} = 75\dfrac{3}{5}$ より小さい。

つまり，20以上75以下の内，12と互い素を探します。
12＝2×2×3より上の範囲で2の倍数，3の倍数以外。
(以下余りは省略)

(1) 最小 23
　　最大 73……答え

(2) 75÷2－19÷2＝28(個)
　　75÷3－19÷3＝19(個)
　　75÷6－19÷6＝ 9(個)
　　75－19－(28＋19－9)＝18(個)……答え

塾長のワンポイントアドバイス

(2)の，ある範囲内にある倍数の個数計算について補足し

ておきます。ベン図を使って分かりやすく説明しましょう。

2の倍数の集合と3の倍数の集合を重ね合わせます。イの部分は2と3の公倍数，つまり最小公倍数6の倍数の集合です。

本問の場合，既約分数だけに絞り込みますから，2の倍数でも3の倍数でもない整数，つまりエの部分に集合している個数を計算するわけです。

20～75（56個）

$75 \div 2 - 19 \div 2 = 28$（個）……ア＋イ
$75 \div 3 - 19 \div 3 = 19$（個）……イ＋ウ
$75 \div 6 - 19 \div 6 = 9$（個）……イ
$75 - 19 - (28 + 19 - 9) = 18$（個）……エ

となるのです。

宿題

(1) $\dfrac{13}{15}$ より大きく1より小さい分母31の分数をすべて求めなさい。
 (ラ・サール中)

問題6 通分は大変

(2) 分母が60の分数で，約分できないもののうち，$\dfrac{3}{5}$ と $\dfrac{13}{18}$ のあいだにあるものをすべて求めなさい。

(ラ・サール中)

(3) $\dfrac{5}{12}$ より大きく $\dfrac{9}{17}$ より小さい分数のうち，分母が43であるものは全部で□個あります。

(横浜共立学園中)

解説

(1) $\dfrac{13}{15} < \dfrac{\square}{31} < \dfrac{31}{31}$ より，分子は，

$\dfrac{13}{15} \div \dfrac{1}{31} = 26\dfrac{13}{15}$ より大きく，31より小さい。

$\dfrac{27}{31}$, $\dfrac{28}{31}$, $\dfrac{29}{31}$, $\dfrac{30}{31}$ ……答え

(2) $\dfrac{36}{60} < \dfrac{\square}{60} < \dfrac{13}{18}$ より，分子は，36より大きく，

$\dfrac{13}{18} \div \dfrac{1}{60} = 43\dfrac{1}{3}$ より小さい。

37，38，39，40，41，42，43の内，60と互い素を選び

$\dfrac{37}{60}$, $\dfrac{41}{60}$, $\dfrac{43}{60}$ ……答え

(3) $\dfrac{5}{12} < \dfrac{\square}{43} < \dfrac{9}{17}$ より，分子は，

$$\frac{5}{12} \div \frac{1}{43} = 17\frac{11}{12} より大きく,$$

$$\frac{9}{17} \div \frac{1}{43} = 22\frac{13}{17} より小さい。$$

分子は18以上22以下の整数だから,
　　22−(18−1)=5(個) ……答え

問題 7　地道は危険？

> 360の約数は全部で□個あり，このうち，5番目に大きい数は□です。
> （武蔵中）

HOW TO SOLVE?

約数の個数を求める問題です。地道に全部書き上げてもいいのですが，整数が大きくなると，約数の個数も多くなります。時間的に制約があるとき，うっかり書き落としてしまっては大変ですから，ここでは計算で求められないかを考えていきます。

塾長：米山クン，出来たみたいだね。
米山：積が360になる2数の組を作れば大丈夫です。
塾長：結局，地道に書き出す？
米山：はい，そうなりました。

米山ノート

1×360, 2×180, 3×120, 4×90, 5×72,
6×60, 8×45, 9×40, 10×36, 12×30,
15×24, 18×20,
　　2×12＝24（個）
5番目に大きいのは72

YONEYAMA

塾長：たしかに堅実でいいのだが。過去問ではもっと大きな数の約数の個数を答えさせるのもあったしね。

米山：何かいい手があるんですか？

塾長：あるある。便利な方法だからこの際覚えてしまいなさい。試験場で役立つこと請け合いだよ。

米山：それ，知りたいです！ 教えて下さい！

速攻術 By 塾長

素因数分解
　　360＝2×2×2×3×3×5
素数別の個数
　　2…3個，3…2個，5…1個
　　(3+1)×(2+1)×(1+1)＝24(個)……答え
小さいほうから5個約数を並べてみると，
　　1, 2, 3, 4, 5
となり，5番目に小さい約数は5。
よって，
　　大きい方から5番目の約数
　　＝360÷5＝72……答え

$360=2\times2\times2\times3\times3\times5$

素数	［2］	［3］	［5］	
	3個			
	2個	2個		
	1個	1個	1個	
	0個	0個	0個	
	4通り	×3通り	×2通り	＝24通り

米山：ははーん。だから0個の場合の1通りを加えるわけですね？ これはすごいお役立ち情報ですね！

塾長：じゃあ，ちなみに2，3，5のどれも使わないすべて0個の約数ってどういうことだ？

米山：そりゃ先生，よくぞ聞いて下さいました。それは1でしょ！

塾長：さすが米山クン，よくできました。

類題

記号〈 〉は，中にある数の約数の個数を表すものとします。例えば，4の約数は1，2，4の3個ですから〈4〉=3となります。同様に〈6〉=4となります。このとき

〈12〉×〈16〉+〈52〉÷〈17〉+〈5〉

はいくつになりますか。

(法政大学第二中)

速攻術 By 塾長

合成数はすべて素因数分解します。

12=2×2×3

16=2×2×2×2

52=2×2×13

よって約数の個数はそれぞれ，

〈12〉=(2+1)×(1+1)=6

〈16〉=4+1=5

〈52〉=(2+1)×(1+1)=6

17，5は素数だから各2個ずつ約数を持つ。

> ⟨17⟩ = ⟨5⟩ = 2
> 与式 = 6×5+6÷2+2
> 　　 = 35 ……答え

宿題

7や13のように，1とその数自身しか約数がない整数を素数といいます。ただし1は素数ではありません。次の問いに答えなさい。

(1) 次の □ を埋めて文章を完成させなさい。

45を素数だけのかけ算で表すと ア×ア×イ となります。したがって，45の約数は，ア を0個か1個か2個，イ を0個か1個使って表すことができるので，全部で ウ 個あります。同様に考えると，180には約数が全部で エ 個あります。

(2) (1)のように考えると，約数そのものを求めなくても整数の約数の個数について考えることができます。それでは100以下の整数のうち，約数の個数が10個であるものを全て求めなさい。

(富士見中改題)

解説

(1) 45 = 3×3×5（素因数分解）より，
　　ア = 3，イ = 5
　　ウ = (2+1)×(1+1) = 6 ……答え

180 = 2×2×3×3×5（素因数分解）より，2が2個，3が

2個, 5が1個なので,

$$国=(2+1)\times(2+1)\times(1+1)=18 ……答え$$

(2) ①10=1+9, ②10=2×5

が考えられるが, ①の場合2の9乗でも100を超えるから該当なし。

②の場合

$$2-1=1, 5-1=4$$

より2種類の素数の積で1種は1個, 他方は4個で構成される。小さい素数から順に調べると,

$$2\times2\times2\times2=16$$

より, 他方の1個は3または5。

$$2\times2\times2\times2\times3=48$$
$$2\times2\times2\times2\times5=80$$
$$2\times2\times2\times2\times7=112(100超で不可)$$

また,

$$3\times3\times3\times3=81$$

であり, 相手が2でも100超で不可。

よって, 48, 80……答え

問題8　濃度って必要？

　Aの容器には10%の食塩水が400g, Bの容器には5%の食塩水が600g入っています。今, A, B2つの容器から同量の食塩水をくみ出して, Aの分をBに, Bの分をAに移しよくかき混ぜました。何gずつくみ出して移しかえたらA, B両方の濃さが等しくなりますか。

(ラ・サール中改題)

HOW TO SOLVE?

面積図を超越した解法があった

　割合の問題の中でも古典的な食塩水の問題はいまだ健在で, 数多く出題されています。単純な混合問題も出題されていますが, この例題のようにちょっと難解な問題は解き方を工夫して時間の空費を防止したいものです。

　A, Bの容器から「同時等量入替」した後, 両容器の濃度が,「異なる」場合と「等しい」場合があります。この問題は後者です。

　いろいろな解法がありますが, 受験生はこのような複雑な問題に対し面積図やてんびん図などを利用して解くスタイルが最近では主流になっています。

　米山クンも面積図でアプローチして, なかなかの健闘ぶりですが, 果たしてこれが最善策なのか。問題の本質を掘り下げ, 適切な解法を考えてみましょう。

塾長：米山クンが大好きな食塩水の問題だよ。

米山：曾祖父が生前「濃度の問題は勉強しておけ」とよく言っていましたから。出たら絶対正解しなさいと。

塾長：そうかあ。しかし何だか米山クン。元気がないね。

米山：なかなか方針が立たないんですよ〜。何せ初めて見るタイプですから。

塾長：君らしくもないね。同時等量入替後「等しい濃度」に注目しているかい？　それで混合比を導き出すのでは？

米山：混ぜたあと両方が「等しい濃度」……。あっそうか。両方の容器の濃度が同じになったんだから，フムフム。最初から全部混ぜても同じ濃度ですよね？　だったら全部混ぜちゃえ。

米山ノート

$(400×0.1+600×0.05)÷(400+600)×100$
$=7$（％）……全部混ぜたときの濃度

Aの容器で考えると，グレーの部分の面積が等しいことを利用して，

問題8 濃度って必要?

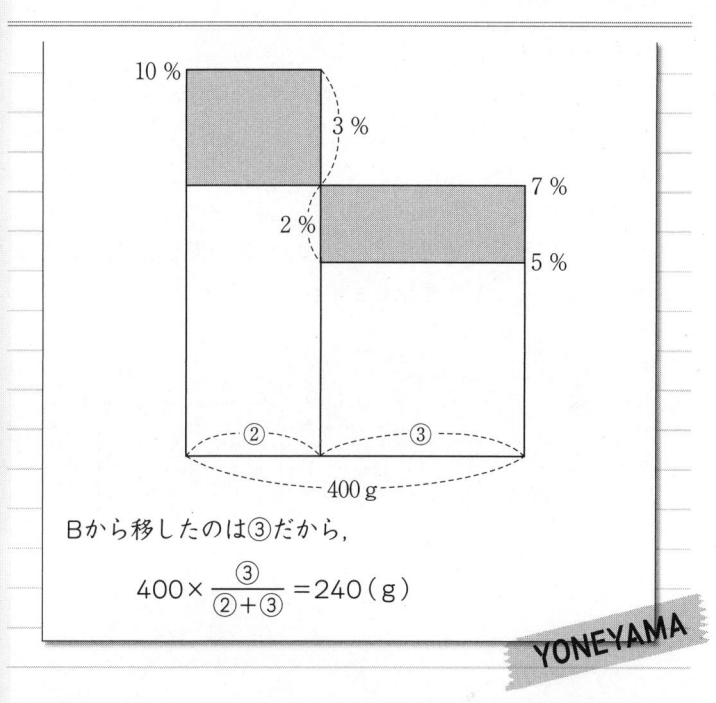

```
         10%
              ┆
              ┆ 3%
              ┆
              ──────────  7%
         2%        
              ──────────  5%
              
              
         ②        ③
         ────400g────
```

Bから移したのは③だから,

$$400 \times \frac{③}{②+③} = 240 \text{(g)}$$

YONEYAMA

塾長: 正解っ! ちょっとのヒントで,さすが濃度問題大好きっ子,面目躍如ってところだな。作図もスムーズ! まったく心配なし,米山クン,よくがんばりました〜。

米山: はぁ,ふう。でも疲れました。

塾長のワンポイントアドバイス

米山クンが描いた面積図は正攻法で,受験算数の指導での利用は今や当たり前になっています。算数独特の解法と

いえるでしょう。

　図の特性を活かし，視覚に訴えて式を導き出すための重要な道具です。使い方と意味をちょっと補足しておきましょう。

　描き方は至って簡単で，凸凹した混合前の図と，混合後の平均された図を重ねるだけです。2液の混合とは，濃度が平均されることを意味します。

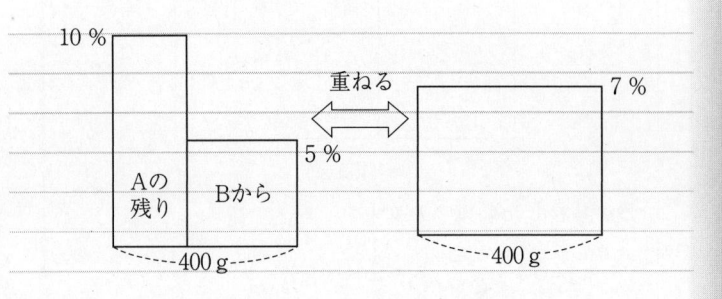

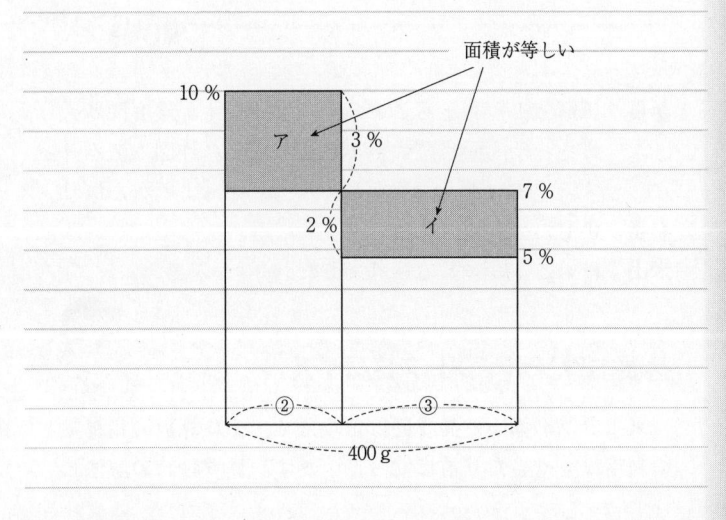

これら面積の等しい図を重ね合わせるので，重ならないアとイの面積は等しくなります。さらに，
　　アのたて……10−7＝3（％）
　　イのたて…… 7−5＝2（％）
と計算して書き込みます。
　アとイの面積が等しいので，よこの長さの比は逆比となり，よこの比ア：イ＝②：③が導けます。
　②＋③が400gに当たりますから，比例配分でBから移した食塩水の重さが求められるのです。

$$400 \times \frac{③}{②+③} = 240（g）$$

　しかし，これでも図を描くための時間が必要です。もっと素早く解く優れモノがあります。

塾長：ところで米山クン，もっとすごい解き方があるんだけど。混合した濃度すら求めなくてよい解き方！

米山：え〜っ！　そんなのがあるんですか？　これより速く解く方法なんて全く思いつきませんよ〜。

塾長：いやいや，塾生にはいろいろな経験を積んでもらわないと。基本的にはこの面積図の解き方でいいけど，試験場じゃ時間がもったいないからさらなる時短作戦！

速攻術 By 塾長

400g：600g＝②：③……A, Bの重さの比

入れかえ後，濃度が同じなら，それぞれの容器で2液が②：③で混合されている。

Aの容器で考えれば，入れかえた分はBからの比の③。

比例配分して，

$$400 \times \frac{③}{②+③} = 240(g) ……答え$$

米山：ハッヤ～ッ Σ(̄□ ̄)! 何ですかこれは？

塾長：濃度は一切求めていないから，かなり時間短縮。

米山：なるほど。これは使えるなあ。メモメモ__〆(｡｡)，さっすが先生。

塾長：これを身に付ければ，ひいおじい様もきっとお喜びだよ。

類題

アルコールだけ150g入っている容器と水だけ300g入っている容器があります。この2つの容器から同じ量□gずつとって入れかえると2つの容器のアルコールの濃さは同じになります。

(灘中)

速攻術 By 塾長

150g：300g＝①：②……重さの比

入れかえ後，濃度が同じなら，それぞれの容器で①：

②で混合されているから，
アルコールの容器で考えれば，入れかえた分は水の比の②。

比例配分して，

$$150 \times \frac{②}{①+②} = 100 \text{(g)} \cdots\cdots 答え$$

宿 題

2つの容器A，Bがあり，Aには3%の食塩水が200g，Bには12%の食塩水が400g入っています。2つの容器からそれぞれ同時に食塩水をくみ出し，くみ出した食塩水のAの分をBに，Bの分をAに移して混ぜ合わせると，AとBの食塩水の濃度は同じになりました。Aからくみ出した食塩水は何gですか。　　(大妻中)

解説

A：B＝200：400＝①：②

Aの容器で考えると，

$$200 \times \frac{②}{①+②} = 133\frac{1}{3} \text{(g)} \cdots\cdots 答え$$

答えが分数になるこんな問題もこの方法ですと面倒な計算なしで求められます。

問題9　アイデア拝借

図のように、直線PQから1cmだけはなれたところにある直角三角形ABCを、直線PQのまわりに1回転してできる立体の表面積を求めなさい。　(慶應義塾中等部改題)

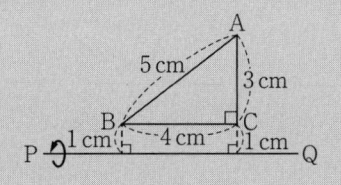

```
            A
        5cm/|
          / |3cm
         B──C
       P ⌒1cm─4cm─1cm⌒ Q
```

HOW TO SOLVE?

問題5でも回転体を扱いましたが、今回は表面積がテーマです。

平面図形を回転してできる立体の表面積を求める問題のポイントは出来上がった立体をいかにイメージできるかにあります。単純な三角形や四角形を回転させた立体はもとより、例題のように回転軸から少し離れた三角形を回転させた複雑なものまで出題は多岐にわたります。

当然回転することから、円の性質が絡み円周率を含む計算が必ず伴います。計算ミスをしないよう慎重に解かなければならないでしょう。算数では円周率3.14を指定する問題がほとんどですので、計算の工夫にも気を配ります。ここでは分配法則の活用は必須となります。

問題9　アイデア拝借

光瑠ノート

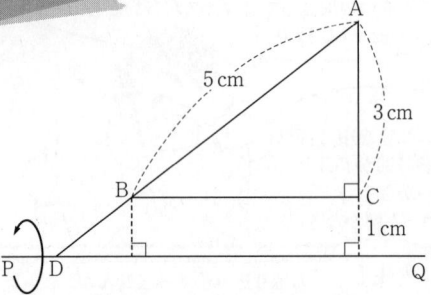

ABを延長してPQと交わる点をDとすると，
$$3+1=4$$
と相似比から，

$$BD = 5 \times \frac{1}{3} = \frac{5}{3} (cm)$$

$$AD = 5 \times \frac{4}{3} = \frac{20}{3} (cm)$$

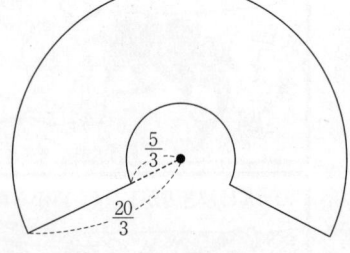

$$\left(\frac{20}{3} \times \frac{20}{3} - \frac{5}{3} \times \frac{5}{3}\right) \times 3.14 \times \frac{3}{5}$$
$$+ 2 \times 3.14 \times 4 + (4 \times 4 - 1 \times 1) \times 3.14$$
$$= (25 + 8 + 15) \times 3.14$$
$$= 150.72 (cm^2) \cdots\cdots 答え$$

hikaru

塾長：うわっ，側面の計算がかなり重いね！

光瑠：はぁ，ふう。疲れました。

塾長：セリフまで兄と同じだなぁ。

米山：ヒカル，側面積の計算で時間かけすぎ。

光瑠：お兄ちゃんにまた言われた(ノ◇≦。)ﾋﾞｪｰﾝ!!

塾長：確かに円すい台の側面積は厄介な計算になりがちだけど，取っておきの便利な方法があるよ。
回転体の体積の場面で使うパップス・ギュルダンの定理。この定理は体積の計算だけじゃなく，側面積にも応用できるから早速練習して上手くなろうよ。

円すい台の側面積＝母線の長さ×母線の中点の動いた長さ

厳密には円すいの「母線の一部」ですが，例題で言えばABの長さです。あとは中点が円を描いて回転することを考えます。表面積は下の見取り図のアイウの面積の合計です。

アはパップス・ギュルダンの定理で求めます。イは円柱の側面，ウはドーナツ型になっています。

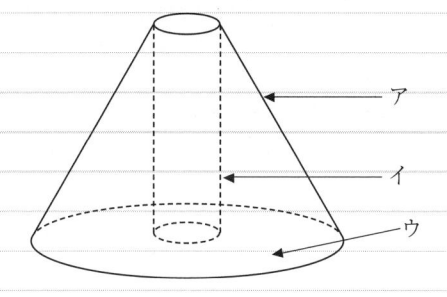

速攻術 By 塾長

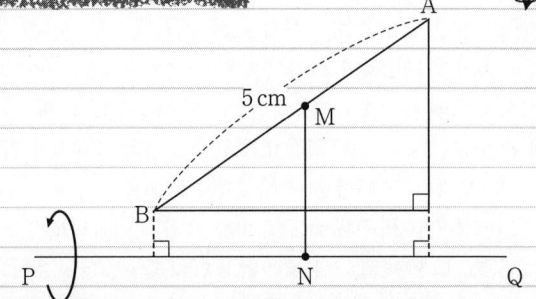

ABの中点をM，Mからおろした垂線とPQの交点をNとする。

$$MN = (1+3+1) \times \frac{1}{2} = \frac{5}{2} \text{(cm)}$$

MがPQのまわりに1回転する長さは，

$$\frac{5}{2} \times 2 \times 3.14$$

全表面積アイウの順に，

$$5 \times \frac{5}{2} \times 2 \times 3.14 + 2 \times 3.14 \times 4$$
$$+ (4 \times 4 - 1 \times 1) \times 3.14$$
$$= (25 + 8 + 15) \times 3.14$$
$$= 150.72 \text{(cm}^2\text{)} \cdots\cdots 答え$$

問題9 アイデア拝借

類題

下の図のように，切り口の形が円になるように，円すいを切った下側の立体の表面積を求めなさい。
ただし，円周率は3.14とします。　　　　　　（慶應義塾中等部改題）

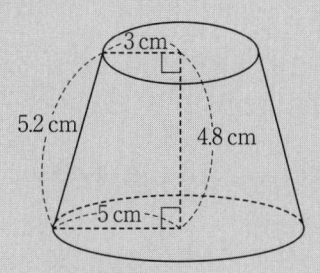

速攻術 By 塾長

母線の中点Mから垂線を中心に下ろした点をNとすると，平均より

$$MN = (3+5) \times \frac{1}{2} = 4 \text{ (cm)} \cdots\cdots 半径$$

立体の表面積
$= 3 \times 3 \times 3.14 + 5 \times 5 \times 3.14 + 5.2 \times 4 \times 2 \times 3.14$
$= (9 + 25 + 41.6) \times 3.14$
$= 237.384 \text{ (cm}^2) \cdots\cdots$答え

宿 題

下の図の平行四辺形アを直線イのまわりに1回転させてできる立体の表面積は何cm^{2}ですか。ただし，円周率は3.14とします。

(淑徳与野中改題)

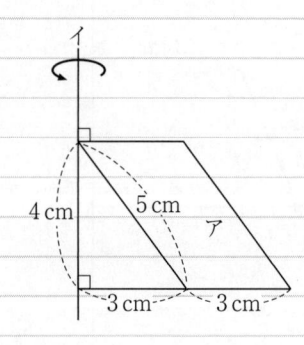

解説

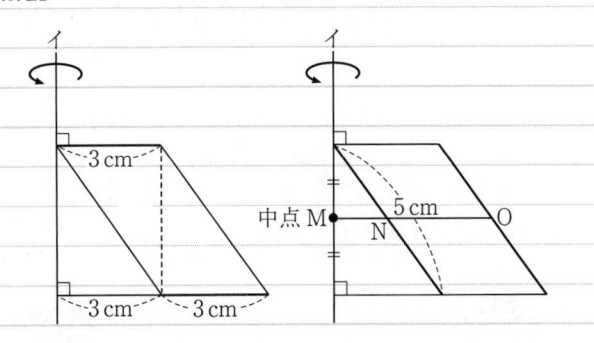

水平方向は，上の面と下の面を合わせ，半径が3+3=6 (cm) の円となる（上図左太線部分）。よって面積は，

6×6×3.14

内外の側面はパップス・ギュルダンの定理を使い（上図右），
内の直径（MNの2倍）＝3÷2×2＝3 (cm)
外の直径（MOの2倍）＝(3÷2+3)×2＝9 (cm)

表面積合計
＝6×6×3.14＋5×(3+9)×3.14
＝(36+60)×3.14
＝301.44 (cm^2) ……答え

問題10 樹形図は便利だけど

7枚のカード [0] [0] [1] [1] [2] [3] [3]

を並べかえて3けたの整数は何通りできますか。

(頻出問題)

HOW TO SOLVE?

「場合の数」の分野の内、順列の定番問題です。
[0]が2枚、[1]が2枚、[2]が1枚、[3]が2枚と構成が不規則です。例えば[0]、[1]、[2]、[3]と1枚ずつならば並べかえた時全部で、

3×3×2＝18(通り)

ですが、例題の構成ではこうは計算できません。樹形図を使って場合分けするのが確実でしょう。

塾長：順列の基本問題だから確実に行こうよ。
米山：まかせて下さい。樹形図のバランスはいい方です。
塾長：おお、それは心強いな。
米山：ここは不規則な枚数構成だから……。
塾長：だから？
米山：樹形図を必ず描きなさいと、曾祖母が遺言に残しています。
塾長：……。

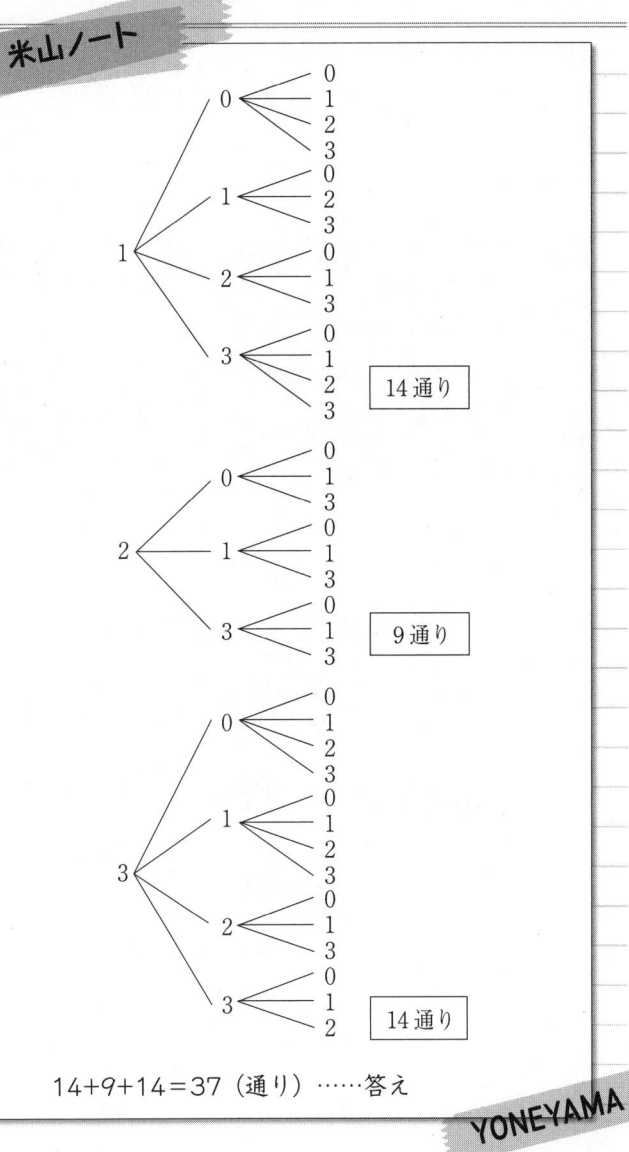

問題10 樹形図は便利だけど

米山ノート

```
       ┌ 0 ─┬ 0
       │    ├ 1
       │    ├ 2
       │    └ 3
       ├ 1 ─┬ 0
       │    ├ 2
       │    └ 3
   1 ──┤
       ├ 2 ─┬ 0
       │    ├ 1
       │    └ 3
       └ 3 ─┬ 0
            ├ 1
            ├ 2
            └ 3    14通り

       ┌ 0 ─┬ 0
       │    ├ 1
       │    └ 3
   2 ──┼ 1 ─┬ 0
       │    ├ 1
       │    └ 3
       └ 3 ─┬ 0
            ├ 1
            └ 3    9通り

       ┌ 0 ─┬ 0
       │    ├ 1
       │    ├ 2
       │    └ 3
       ├ 1 ─┬ 0
       │    ├ 1
       │    ├ 2
   3 ──┤    └ 3
       ├ 2 ─┬ 0
       │    ├ 1
       │    └ 3
       └ 3 ─┬ 0
            ├ 1
            └ 2    14通り
```

14+9+14＝37（通り）……答え

塾長：正解！ なかなかバランスのいい樹形図だ。

米山：印刷屋さんがきれいに整えてくれましたから。

塾長：……。

米山：どうです？ 曾祖母の言い付けを忠実に守りましたよ。

塾長：でも，ちょっと時間かかるし，スペースも取りすぎだ。これでどうだ？

問題10 樹形図は便利だけど

速攻術 By 塾長

一の位は○通りのように「枝の数」を書き出す。

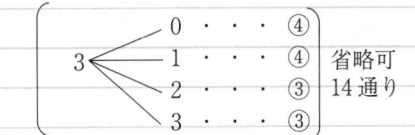

$$1 \begin{cases} 0 \cdots ④ \\ 1 \cdots ③ \\ 2 \cdots ③ \\ 3 \cdots ④ \end{cases} 14通り$$

$$2 \begin{cases} 0 \cdots ③ \\ 1 \cdots ③ \\ 3 \cdots ③ \end{cases} 9通り$$

$$3 \begin{cases} 0 \cdots ④ \\ 1 \cdots ④ \\ 2 \cdots ③ \\ 3 \cdots ③ \end{cases} \begin{matrix}省略可\\14通り\end{matrix}$$

3は，1と同じ枚数だから同じ枝数になるので省略可。さらに時間短縮できる。

14＋9＋14 ＝37（通り）……答え

塾長：3けた目，つまり一の位は「数えて」何通りかを記入する。スッキリまとまり，時間もスペースも節約できる優れモノだよ。

米山：ウマ〜ッ Σ(̄□ ̄)！

塾長：順列は最終的に枝の末端を「数える」だけで詳細はいらないから。

米山：なるほど。よく解りました。曾祖母の御前に報告しておきます。

77

類題

| 1 | 1 | 2 | 2 | 3 | の5枚のカードを使って

3けたの整数を作るとき，全部で何通りできますか。

(共立女子第二中)

速攻術 By 塾長

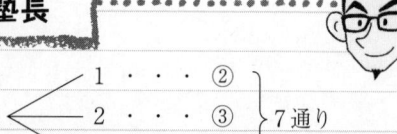

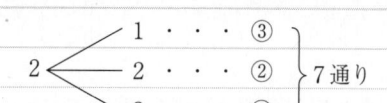

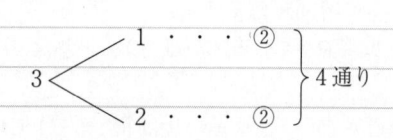

```
        ┌─ 1 ・・・ ②
    1 ──┼─ 2 ・・・ ③   } 7通り
        └─ 3 ・・・ ②


        ┌─ 1 ・・・ ③
    2 ──┼─ 2 ・・・ ②   } 7通り
        └─ 3 ・・・ ②


        ┌─ 1 ・・・ ②
    3 ──┤                 } 4通り
        └─ 2 ・・・ ②
```

7+7+4=18(通り)……答え

但し，2の樹形図は1の樹形図と同等なので省略可。

問題10 樹形図は便利だけど

宿題

| 1 | 2 | 3 | 6 | 6 | の5枚のカードから3枚のカードを選んでできる3桁の偶数は全部で何通りありますか。

(関東学院中改題)

解説

偶数は一の位が偶数の2か6で決まります。この場合，一の位を左に置く樹形図を描きます。やはり，右端の百の位に入る数は数えて○の中に書き入れます。

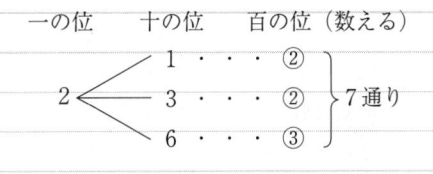

```
  一の位    十の位    百の位（数える）
           ┌─ 1 ・・・ ②  ┐
      2 ──┼─ 3 ・・・ ②  ├ 7通り
           └─ 6 ・・・ ③  ┘

           ┌─ 1 ・・・ ③  ┐
           ├─ 2 ・・・ ③  │
      6 ──┤                 ├ 12通り
           ├─ 3 ・・・ ③  │
           └─ 6 ・・・ ③  ┘
```

7＋12＝19（通り）……答え

別解

一の位が6の場合，残りのカードは1, 2, 3, 6, となるので4×3＝12（通り）も可。

問題11 出世払いでいい？

> 正解すれば4点もらえ，まちがえると2点引かれてしまう計算テストがある。いま，このテストで100問解いて364点だった。何問正解したか。

HOW TO SOLVE?

つるかめ算の変形進化した問題です。「罰則のあるつるかめ算」と呼ばれています。この類のつるかめ算，私が中学受験をした頃に解いた記憶がありません。どこかの中学校の先生が思いついて出題したのが始まりなのでしょう。とても面白い発想です。

一般につるかめ算は，次の3つのパターンに分けられます。

①つるかめの頭数の和と足数の和が与えられるタイプ
②つるかめの頭数の和と足数の差が与えられるタイプ
③罰則がついてマイナスされてしまう怖いタイプ

普通のタイプでは試験の成績に差がつかなくなって，このような形が台頭してきたのかもしれません。

塾長：「罰則のあるつるかめ算」は知っているよね，米山クン。

米山：さあ？ ボクは計算テストはいつも満点ですから。

塾長：……。

米山：父に「1000本ノック」と称する計算テストでガンガン鍛えられました。星飛雄馬も真っ青です。

塾長：『巨人の星』とはまたレトロな。

米山：あれ？　「罰則のあるつるかめ算」って，アルバイトでガラス製品を運び，こわすたびに弁償するって，あれですか？

塾長：そう，あれ。

米山：そういえば，飛雄馬の父もちゃぶ台ひっくり返してましたね。

塾長：……。君にとってみれば赤子の手をひねるほど簡単だよね。

米山：赤子の手をひねると，児童虐待で逮捕されますよ。

塾長：単なるたとえだよ。

米山ノート

全部正解と仮定すると，
$$4 \times 100 = 400 \text{（点）}$$
1問まちがえるたび4点はもらえず，4+2=6（点）引かれるから，
$$(400 - 364) \div 6 = 6 \text{（問）} \cdots\cdots \text{まちがいの題数}$$
$$100 - 6 = 94 \text{（問）} \cdots\cdots \text{答え}$$

YONEYAMA

ここで
裏技一発!!
つるかめ算って，全部一方と仮定したら
もう一方が答えとして求まるよね
全部つると仮定したら
……かめが求まる！
なら，全部まちがえたと
仮定してみたら？
正解数が求まる……
でもそれじゃマイナス！
借金状態です！
あはは
出世払いで
返済すればいいよ

問題11 出世払いでいい?

速攻術 By 塾長

全部まちがえたと仮定すると,
$2 \times 100 = 200$(点)
$(200 + 364) \div (4 + 2)$
$= 94$(問)……答え
全部まちがえた所から
得点するイメージ。

正解○　4点

6点

不正解×　2点

米山:あっ,この解き方面白い Σ(￣□￣)!
塾長:逆転の発想をすれば,一発で正解数が出せるね。
米山:すばらしい! さらに時間短縮ができるわけだ。
塾長:そのとおり!

類題
AさんとBさんがおはじきを30個ずつ持っています。2人でゲームをして勝った人は負けた人から3個もらうことにします。ゲームを10回したところ,Aさんのおはじきは42個になりました。Aさんはゲームで何回勝ちましたか。ただし,引き分けはないものとします。(星野学園中)

塾長のワンポイントアドバイス

算数の範囲では負の数は用いません。ですから元々30個持たせてマイナスにならない配慮がなされた問題です。全部負けても3×10＝30（個）取られ0になるだけです。

速攻術 By 塾長

Aさんが全部負けたと仮定すると，
　　3×10＝30（個）
　　30－30＝0（個）
になる。
　　(42＋0)÷(3＋3)＝7（回）……答え

宿　題

栄君と東君はいくつかご石をもっています。じゃんけんをして勝ったらご石が3個増え，負けたらご石が1個減り，あいこは2人とも2個ずつ増えるとします。30回じゃんけんをして，栄君は45個増え，東君は25個増えるとき，栄君は□回勝ちました。　　（栄東中）

問題11 出世払いでいい？

塾長のワンポイントアドバイス

通常のつるかめ算と罰則のあるつるかめ算の2段階で解き進む難問です。30回のじゃんけんの「勝負あり」と「あいこ」の回数の内訳を求めなければ全く先へ進めません。

◎解説

勝負がつけば3−1＝2（個）増え，あいこなら2＋2＝4（個）増えるので，つるかめ算で勝負がついた回数をまず求める。

全部あいこと仮定して，
　　4×30−(45＋25)＝50
　　50÷(4−2)＝25(回)……勝負がついた回数

次に栄君が25回全部負けたと仮定する罰則のあるつるかめ算。
　　1×25＋(45−2×5)＝60
　　60÷(3＋1)＝15(回)……答え

問題12 消失マジック

> A，B2種類の食塩水があります。これを2：1の割合でまぜたら，10％の食塩水ができ，2：3の割合でまぜたら，12％の食塩水ができました。A，Bの濃度はそれぞれ何％ですか。
> （ラ・サール中）

HOW TO SOLVE?

混合の比を2通り示してA，Bのそれぞれの濃度を求めさせる問題です。例えば2：1で混合するところを具体的に200ｇ：100ｇとし，食塩の重さを求めながら解く方法もありますが，やはりスピードに欠けます。比で攻めてきた問題には比で応戦したいところです。

ちなみに，使う公式は以下の2つですが，濃度（％）は実数，重さは比に置き換えます。

食塩水の濃度（％）
＝食塩の重さ÷食塩水全体の重さ×100
食塩の重さ＝食塩水全体の重さ×食塩水の濃度

塾長：食塩水の問題の中でもやや難問の部類だね。
米山：そう難しくもないと思いますよ。曾祖父の言い付け通りしっかり練習を積んでありますから。
塾長：そうそう，そうだった。ひいおじい様のお言い付け

ね！
米山：ヒカルなんか手も足も出ないんじゃない？
光瑠：うーん……。考え中。
塾長：米山クン，そろそろ解けたかな？
米山：一応実数に置き換えて解いてみました。ちょっとカッコ悪いかな。

米山ノート

$2:1=200\,g:100\,g$

$2:3=200\,g:300\,g$

と置き換える。溶けている食塩はそれぞれ，

$(200+100)\times 0.1=30\,(g)$

$(200+300)\times 0.12=60\,(g)$

$60-30=30\,(g)$の食塩は，$300-100=200\,(g)$のBに溶けている。

$30\div 200\times 100=15\,(\%)$……Bの濃度

……答え

$(30-100\times 0.15)\div 200\times 100$
$=7.5\,(\%)$……Aの濃度……答え

YONEYAMA

塾長：米山クンの本領発揮といった答案だな。悪くはないけど，正攻法でもちろん正解。
米山：こんな方法しか思いつきませんよ。
塾長：しかし書く分量が多くないかい？
米山：そうですね。確かに疲れました。

塾長：もうちょっと工夫してみようか。比をそのまま活かして使いたいね。食塩水の重さが比なら食塩の重さも比で通してしまう。字数もグンと減らせてすっきり。消去算で解いてみよう。コツはAの重さの比を同数にそろえて，消去してしまうシンプルな方法だ。

速攻術 By 塾長

```
A B                        食塩(比)
2：1 ……10%      (2＋1)×10＝ 30
2：3 ……12%      (2＋3)×12＝ 60     (－
2                                  30
```

$30 ÷ 2 = 15$（％）……Bの濃度
$(30 － 1 × 15) ÷ 2 = 7.5$（％）……Aの濃度
……答え

米山：これはいい手ですね。そうか！！ サクッと消去できますね。字数も少ないから時間の節約ができるし……。
でも，比がそろっていない時はどうすればいいですか？

塾長：おおっ，いい質問だね。そのときは消したい方の比をL.C.M.(最小公倍数)でそろえてしまえばいい。

米山：どんな風に？

塾長：じゃ，類題を解いてみよう。

問題12　消失マジック

類題

A, B 2種類の食塩水があります。A, Bを3:1の割合で混ぜると6%の食塩水になり, A, Bを1:2の割合で混ぜると8%の食塩水になります。Aは何%の食塩水ですか。

(大妻中)

速攻術 By 塾長

Aの濃度だけ求めればいいので, 第1条件の3:1の前後項を2倍して6:2とし, Bを同数2にそろえる。

A　B		食塩(比)
6:2……6%	(6+2)×6= 48	
1:2……8%	(1+2)×8= 24	(−
5	24	

　　　24 ÷5=4.8(%)……答え

米山：コレは便利ですね。メモメモ__✍(。。)

塾長：またひとつワザが増えたね。

光瑠：ＺＺＺｚｚ……

米山：先生, ヒカルが寝ちゃってます。

塾長：静かでいいじゃない。ほっときなさい。

宿題

濃度が◯◯%の食塩水Aと濃度が◯◯%の食塩水Bがあります。食塩水AとBを3：4の比で混ぜると濃度が9%の食塩水に，食塩水AとBを4：3の比で混ぜると濃度が8%の食塩水になることがわかりました。このとき◯◯に入る数を答えなさい。

(海城中)

解説

Bの比を同数(最小公倍数)にそろえて消去します。

A	B		食塩(比)
9 : 12	…… 9%	(9+12)×9=	189
16 : 12	…… 8%	(16+12)×8=	224 (－
7			35

Aの濃度　　35 ÷7=5(%)
Bの濃度　　(189 －9×5)÷12=12(%)

……答え

問題13 全部書き上げよう？

> 54の約数について、次の問いに答えなさい。
> (1) 約数をすべてたすといくつになりますか。
> (2) 約数の逆数をすべてたすといくつになりますか。
>
> （立教池袋中）

HOW TO SOLVE?

約数について復習しましょう。約数とはある整数を整除する数のことです。約数に関する問題は数多く出題されていますが、大きな整数の場合、地道に書き上げていくと時間を費やしてしまう可能性もあります。ここでは、約数の和を計算によって求める方法を使い短時間で解くことを学びます。

塾長：約数とは何ですか、米山クン。

米山：ある整数を割り切る整数です。

塾長：よくできました。ならば、注意すべき点は？

米山：よくある間違いは、1とその数自身を抜かしてしまうことです。

塾長：そう、1とその数自身も立派な約数だから。

米山：もう書き上げました。

米山ノート

(1)　　1×54, 2×27, 3×18, 6×9
　　　　1+2+3+6+9+18+27+54=120……答え

(2)　　$1 + \dfrac{1}{2} + \dfrac{1}{3} + \dfrac{1}{6} + \dfrac{1}{9} + \dfrac{1}{18} + \dfrac{1}{27} + \dfrac{1}{54}$

　　　$= \dfrac{54}{54} + \dfrac{27}{54} + \dfrac{18}{54} + \dfrac{9}{54} + \dfrac{6}{54} + \dfrac{3}{54} + \dfrac{2}{54} + \dfrac{1}{54}$

　　　$= \dfrac{120}{54}$

　　　$= 2\dfrac{2}{9}$ ……答え

YONEYAMA

米山：でも，何か工夫ができそうな気がしますね。(2)も通分しなくて済む方法はありましたよね。

塾長：算数の上達法の一つに，問題をいろいろな方法で解いてみることがある。問題に対する深みのある解法の研究といったところかな。面倒で痛い目にあったら，次からはもっと上手い方法を考えるようになるから。

米山：約数の和を求める方法をどこかで習ったような……。忘れてしまいました。先生，もう一度教えて下さい。

塾長：これもやっぱり素因数分解から始まる。

米山：54=2×3×3×3 ですね。

塾長：それができれば後は簡単。

　　　　2×3×3×3を素数別に2と3×3×3=27の組に分ける。

　　　　2の約数は(1, 2)

27の約数は(1, 3, 9, 27)
(1+2)×(1+3+9+27)=120
下の表は54の約数表で、分配法則で一気に積で求められることがわかるね。

	1	3	9	27
1	1	3	9	27
2	2	6	18	54

米山：なるほど、そんな理屈なんですね。

速攻術 By 塾長

(1) 54=2×3×3×3より、2と27に分け、
　　(1+2)×(1+3+9+27)=120……答え
(2) 通分すると分子の和が約数の和120になることから、

$$逆数の和 = \frac{120}{54} = 2\frac{2}{9}$$ ……答え

宿 題

1から10までのすべての整数で割り切ることのできる最小の整数をAとおきます。Aの約数のうち、10以下の約数を除く、すべての約数をたすといくつになりますか。

(函館ラ・サール中)

塾長のワンポイントアドバイス

約数を全部書き上げても解けないわけではないのですが、とても時間がかかります。この際、和を計算で求める方法を用いるのが得策でしょう。

また、Aは1から10までの最小公倍数(L.C.M.)のことですが、1はともかく、2から10までの長いすだれ算は不要です。なぜなら、

8と9で割り切れれば2・3・4・6で割り切れます。

8と5で割り切れれば10で割り切れます。

あと7を掛け合わせればL.C.M.は求められますから、5, 7, 8, 9だけの積で求められるわけです。

さらに、10以下の約数を除くとありますが、ここは「ガウスの等差数列の和」の公式を用います。

一般に、1からNまでの整数の和を求めるには、

整数和=(1+N)×N÷2

を用います。

解説

Aは1から10までの最小公倍数。

5, 7, 8, 9の最小公倍数を求めればよい。

  5×7×8×9
 =2×2×2×3×3×5×7

約数の合計

  (1+2+4+8)×(1+3+9)×(1+5)×(1+7)
 =9360

また、

1から10の和
=(1+10)×10÷2
=55

9360−55
=9305 …… 答え

問題14 天文学的数字

1から100までのすべての整数の積を5で割り続けていくとき、商がはじめて小数となるのは何回目に5で割ったときですか。

(洗足学園中)

HOW TO SOLVE?

当然ですが、1から100までかけ合わせるなど無意味かつ不可能ですから、別の側面からこの問題を切り崩す必要があります。基本は1から100まですべて「素因数分解」して、分布する5の個数を調べることになります。

割り算のイメージを具体的な分数に表すと、

$$\frac{1 \times 2 \times 3 \times 4 \times 5 \times \cdots \times 100}{5 \times 5 \times 5 \times \cdots \times 5}$$

となって5で整除し続けるわけです。

さらに分子のすべての数を素因数分解してみましょう。

$$\frac{1 \times 2 \times 3 \times 2 \times 2 \times 5 \times \cdots \times 2 \times 2 \times 5 \times 5}{5 \times 5 \times 5 \times \cdots \times 5}$$

すると、分子が5の倍数、つまり素因数に5を含む整数の場合5で約分(=割り算)できることがわかります。

では、単純に5の倍数の個数を調べるだけでいいのでしょうか? 実はここに大きな「落とし穴」があります。受験

問題14 天文学的数字

生の大半は「それ」に気付かず誤答してしまうようです。どういうことなのか皆さんも考えてみて下さい。

ヒカルちゃんの答案で受験生の陥りやすい「落とし穴」がよく解ると思います。

塾長：さあ，ヒカルちゃん。よーく考えてみよう。
光瑠：1から100までかけ算するなんて気が遠くなります。
塾長：そりゃそうだよ！　絶対無理。
光瑠：5で割り続けるのだから，5の倍数を数えればいいのかな？
塾長：おっ，目の着けどころはとてもいいよ。
光瑠：5, 10, 15, ……。
塾長：おいおい，指折り数えてどうする。それじゃ日が暮れちゃうよ。倍数の個数計算は決まったやり方があったよね？
光瑠：あっ，そうか！　割り算で出せましたね。思い出しました。

光瑠ノート

100÷5＝20（個）……5の倍数の個数
20回までは割り切れるから，割り切れなくなるのは，
20＋1＝21（回目）……答え

hikaru

うーん，惜しいけど不正解！
ブー
えー
どーして？
大切な事を忘れていない？
うる
その手はくわないよ
5の倍数と言っても，素因数分解したら，
25＝5×5
50＝2×5×5
75＝3×5×5
100＝2×2×5×5
だよ
あれっ，5が2個
含まれてる！
そう。5×5＝25の倍数にはさらにもう1個
素因数に5が含まれているから，
もう一回割れるんだ
はう
目からウロコ
うわぁ，気付かなかった

速攻術 By 塾長

$$100 \div 5 = 20$$
$$20 \div 5 = 4$$

割り切れなくなるのは,

$$20 + 4 + 1 = 25 (回目) \cdots\cdots 答え$$

光瑠：塾長，なぜ20÷5＝4と割り算するんですか。

塾長：本来なら100÷25＝4とすべきところの代用品だね。

100÷5÷5と連続して割る事と同じだから。商をさらに5で割ってもいいんだ。計算が軽くなるね。

光瑠：あっ，そうか！　より速くなりますね。それならば塾長，

$$125 = 5 \times 5 \times 5 で3個$$
$$625 = 5 \times 5 \times 5 \times 5 で4個だから\cdots\cdots,$$

数の範囲が1000やそれ以上に広がればもっと調べる必要がありますよね？

塾長：その通り！　いいところに気付いたね！

数の範囲が広くなって，例えば1から1000になれば，そう，125の倍数や625も視野に入れなくてはいけない。

類題

1から100までの整数をかけあわせた数を6で割ると最高で□回割り切れます。　　　　　(芝中)

HOW TO SOLVE?

例題ととてもよく似た問題です。

$$\frac{1\times2\times3\times4\times5\times\cdots\times100}{6\times6\times6\times\cdots\times6}$$

$$=\frac{1\times2\times3\times2\times2\times5\times\cdots\times2\times2\times5\times5}{6\times6\times6\times\cdots\times6}$$

と同様に割り算のイメージを分数表示してみます。

しかし，果たして分子の中の6の倍数を調べるだけでいいのでしょうか？

実はここにも「落とし穴」があります。なぜなら，「6は素数ではない」からです。例題とは決定的な相違があります。例題では「5という素数」で割っていきましたが，6は合成数つまり，

　　　2×3=6

と素因数分解されますので，単純に6の倍数だけ調べても正解は得られないのです。

素因数分解された分子中の「2の個数」と「3の個数」を調べる必要があります。次のようなイメージです。

$$\frac{1 \times 2 \times 3 \times 4 \times 5 \times \cdots \times 100}{(2 \times 3) \times (2 \times 3) \times \cdots \times (2 \times 3)}$$

塾長：今度は素数ではなく、合成数6で割り続ける問題だよ。

光瑠：合成数って何でしたっけ、先生。

塾長：自然数の分類をすれば出てくる言葉だね。自然数とは正の整数、つまり1以上の整数をさす。分類するとこうなるよ。

自然数 $\begin{cases} 1\cdots\cdots\cdots 特殊な数 \\ 素数\cdots\cdots 1とその数自身でしか割り切れない数 \\ 合成数\cdots素数がかけ合わされている数(非素数) \end{cases}$

光瑠：つまり、6＝2×3と合成されているわけですね。

塾長：その通り。

光瑠：それじゃ、解き方は当然変わりますよね、先生。

塾長：考えてみなさい。

光瑠：はい。

光瑠ノート

```
100÷2 =50
 50÷2 =25
 25÷2 =12
 12÷2 = 6
  6÷2 = 3
```

> $3 \div 2 = 1$
> $100 \div 3 = 33$
> $33 \div 3 = 11$
> $11 \div 3 = 3$
> $3 \div 3 = 1$
>
> 2の個数,
> $50+25+12+6+3+1=97$
> 3の個数,
> $33+11+3+1=48$

光瑠:先生,素因数分解したときの2と3の個数を調べました。

塾長:それでOK。

光瑠:あとはどう考えればいいのですか?

塾長:2は97個あるけど,3は48個しかないから……。

光瑠:ないから……? 2×3の組は何個できるか……。 あっ,少ない方の48個に合わせるしかないですね。

塾長:そうそう,少ない方の個数に合わせるのが正解。2×3の組は48個できるから。

光瑠:で,48回割り切れるわけですね。

塾長:その通り! よくできました!

宿題

(1) A＝1×2×3×……×99とします。Aを11で割り切れるだけ割り続けるとき，何回割り切ることができますか。

(2) 3けたの整数で，11の倍数は何個ありますか。

(3) B＝100×101×102×……×999とします。Bを11で割り切れるだけ割り続けるとき，何回割ることができますか。

(逗子開成中)

解説

(1) 99÷11＝9(回)……答え

(2) 3けたの整数は100から999です。1から999までの11の倍数の個数を調べ，2けた以下1から99までの個数を除外して求めます。

(余りは省略)

　　999÷11－99÷11＝81(個)……答え

(3) (2)で求めた11の倍数にはもう1個11を含む11×11＝121の倍数もあるので更にその個数を調べます。2けた以下にはありませんから下の式で求めます。

　　999÷(11×11)＝8
　　81＋8＝89(回)……答え

問題15 変化しないものは？

2つの袋A，Bにボールが入っています。最初AとBには5：4の割合でボールが入っていましたが，AからBに2個移したところ7：6の割合になりました。移す前のAの袋にはボールが□個入っていました。　　(芝中)

HOW TO SOLVE?

ボールを移しかえる前後が比で表されています。比から比に変遷する場合，何か一定不変のものはないか？　を考えるとこの問題は解決します。それは「和」です。ボールを移す前後でA，Bのボールの個数の和は変わりません。

米山クンは「和」が一定であることに気づきはしたのですが，どうやら時間がかかる方法で解いたようです。

塾長：比の条件が最初に提示され，やり取りの後に新しい比の条件に変遷する問題の種類を「倍数算」と呼びます。倍数算の典型問題だけど，首尾はどうかな？

米山：和が一定の倍数算ですよね。

塾長：処理の仕方でやや時間に差がつくかも。

米山：全体を1として変化を追うってのはどうでしょう？

塾長：米山クンのやりたい方法で解いていいよ。

分数で攻めるとこうなるのか
これもアリかな
ごしゃごしゃ
5
5+4
でも何だか，見た目が悪いですね
そうだね。少し遠回りな感じもするかな
先生ならどうアプローチするんですか？
私は，解法にエレガントさを追求するさ。
「算数解法の美学」！が売りだから
エレガン…？
比から比への変遷だから
比で押し通そうよ
ヒラヒラ
ヒラッ
5+4=9，7+6=13の二つの合計の比は
同じボールの個数を表しているから
最小公倍数で同数にしてしまう！

米山ノート

A, Bの合計を1とする。

$$\text{Aの初めの個数の割合} = 1 \times \frac{5}{5+4} = \frac{5}{9}$$

$$\text{移動後のAの個数割合} = 1 \times \frac{7}{7+6} = \frac{7}{13}$$

$$\frac{5}{9} - \frac{7}{13} = \frac{2}{117} \cdots\cdots \text{移した2個に相当}$$

$$2 \div \frac{2}{117} = 117 (個) \cdots\cdots \text{A, Bのボールの合計}$$

$$117 \times \frac{5}{9} = 65 (個) \cdots\cdots \text{答え}$$

YONEYAMA

速攻術 By 塾長

比を調整して和を最小公倍数にそろえる。

	A	B	和	A	B	和
初め	5 :	4 :	9 =	65 :	52 :	117 …各項13倍
入替後	7 :	6 :	13 =	63 :	54 :	117 …各項9倍

和の9と13の最小公倍数 117 にそろえる。

65 − 63 = 2 が移したボール2個に相当するから，

$$2 \times \frac{65}{2} = 65 (個) \cdots\cdots \text{答え}$$

米山：わ〜，そんな手があったか！　見た目が美しい。

塾長：でしょ？

塾長のワンポイントアドバイス

注意点が一つあります。移す前のAの個数を求めているためついうっかり初めの「5：4」に目が行ってしまい，5で計算してしまう誤答が絶えません。あくまでもそろえた後の65が「初めのA」です。注意して下さい。

類題

AさんとBさんが，250円の品物を買います。Aさんだけが買うと，AさんとBさんの残りのお金の比は3：7になりますが，Bさんだけが買うと，その比は7：13になります。初めにAさんが持っていたお金は□円です。

(明治大学付属明治中)

HOW TO SOLVE?

さて，例題で学んだ和が一定の倍数算ですが，この問題，ちょっとヒネリが入っていますが見抜けますか。Aさんが買っても，Bさんが買っても残金の和が一定であることに気付かなければ解けません。

速攻術 By 塾長

	A	B	和		A	B	和	
Aが買う	3 :	7 :	10 =	6 :	14 :	20	…各項2倍
Bが買う	7 :	13 :	20 =	7 :	13 :	20	…各項そのまま

$\boxed{7}-\boxed{6}=\boxed{1}$……品物代金の250円に相当
$250×\boxed{7}=1750$(円)……Aの初めの所持金
……答え

宿題

兄と弟はゲーム用のカードを持っています。枚数の比は5:2でしたが，兄は弟に17枚のカードをあげたので，2人の持っているカードの枚数は2:1になりました。兄がはじめに持っていたカードの枚数は□枚です。

(青山学院中等部)

解説

	兄	弟	和		兄	弟	和	
初め	5 :	2 :	7 =	$\boxed{15}$:	$\boxed{6}$:	$\boxed{21}$	…各項3倍
兄あげる	2 :	1 :	3 =	$\boxed{14}$:	$\boxed{7}$:	$\boxed{21}$	…各項7倍

$\boxed{15}-\boxed{14}=\boxed{1}$……兄が弟にあげた17枚に相当
$17×\boxed{15}=255$(枚)……兄の初めの所持枚数
……答え

問題16 複雑なやり取りは NG

> 兄と弟の貯金高の比は5：3でした。ところが兄が7500円使い、弟が1000円貯金したので、兄と弟の貯金高の比は3：4になりました。兄はいくら持っていましたか。
>
> （慶應義塾中等部）

HOW TO SOLVE?

前の問題に続き倍数算の問題です。倍数算には大きく3種類のタイプがあります。比の変遷前後で、

①2者の和が一定のタイプ
②2者の差が一定のタイプ
③どちらでもないタイプ（倍数変化算と呼んでいます）

があり、この例題は③に当たります。①②とは解き方に大きな違いがあります。難関中学校の入試では度々出題され、受験生もそれなりに訓練をしておく必要があります。多種の解き方がありますが、あまり線分図や○□などを多用して複雑にしたくないところです。

塾長：倍数算でも、和が一定でも差が一定でもないタイプ。
米山：わかってます。
塾長：比をどうやってそろえるか。それがカギだね。

米山：線分図でまとめてから比をそろえるのは知っています。

塾長：そう「倍数変化算」だね。

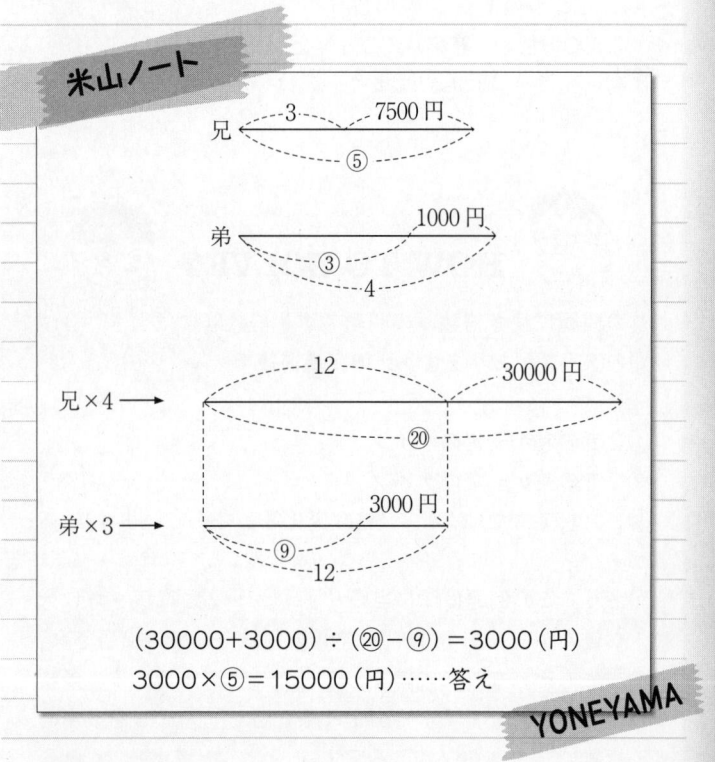

米山ノート

兄 —3— 7500円 ⑤

弟 1000円 ③ 4

兄×4 → 12 30000円 ⑳

弟×3 → 3000円 ⑨ 12

$$(30000+3000) \div (⑳ - ⑨) = 3000 (円)$$
$$3000 \times ⑤ = 15000 (円) \cdots\cdots 答え$$

YONEYAMA

米山：こんな解き方はどうですか？

塾長：がんばって線分図にまとめたみたいだね。

米山：結構疲れました。

塾長：消去算の一種だから比をそろえて消す。まあいいか。

米山：線分図をもっと軽くできる方法はないかな。

塾長：比例式で軽くまとめるこんなやり方はどうかな。

速攻術 By 塾長

増減を比例式に整理する。

$$(⑤-7500):(③+1000)=3:4$$

外項の積＝内項の積を利用して比例式を分解すると，

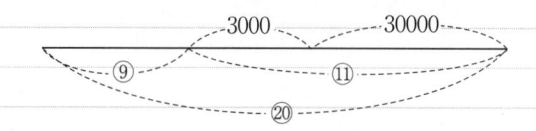

$$⑳-30000=⑨+3000$$

```
          ┌─3000─┐   ┌─30000─┐
          ⑨        ⑪
                ⑳
```

$(3000+30000)÷(⑳-⑨)$
$=3000$(円)……比の①
$3000×⑤=15000$(円)……答え

塾長のワンポイントアドバイス

比例式を立てて，重要公式「外項の積＝内項の積」を利用して式を展開してしまうのが早道です。展開後の関係が比とのプラスマイナスでわかりづらくなっていますので，一応線分図に整理しておきました。①＝3000円を導き，最初の兄の貯金高⑤に到達できれば正解です。

類題

太郎君と次郎君の所持金の比は4:3でした。その中から，太郎君は1100円を，次郎君は1000円を使ったところ，太郎君と次郎君の残りの所持金の比は3:2になりました。2人の最初の所持金の合計は何円ですか。(早稲田中)

速攻術 By 塾長

増減を比例式に整理する。

$$(④-1100):(③-1000)=3:2$$

外項の積＝内項の積を利用して比例式を分解すると，

$$⑧-2200=⑨-3000$$

⑨−⑧＝①が，

$$3000-2200=800(円)$$

に相当する。

よって，太郎君と次郎君の初めの合計

$$800×(④+③)$$
$$=5600(円)……答え$$

問題16 複雑なやり取りはNG

宿題

A君とB君が読んでいる本のページ数の比は7：5です。今日までにA君とB君が読んだページ数の比は7：3で，A君はあと84ページで，B君はあと100ページで読み終わります。B君は今日までに□ページ読みました。

(明治大学付属明治中)

●解説

2人が今日までに読んだ比を⑦：③とすると，

$$(⑦+84):(③+100)=7:5$$

外項の積＝内校の積を利用して比例式を分解すると，

㉟＋420＝㉑＋700

㉟－㉑＝⑭が700－420＝280（ページ）に相当。

280÷⑭＝20（ページ）

よって，Bが今日まで読んだページ数は，

20×③＝60（ページ）……答え

問題17 点が動いても一定のもの

ABの長さが48cm、BCの長さが68cmの長方形ABCDがあります。下の図のように、辺AD上に点Pをとり、辺CD上に点Qをとりました。

CQの長さが16cm、三角形BPQの面積が1408cm²であるときAPの長さは□cmになります。

(渋谷教育学園渋谷中)

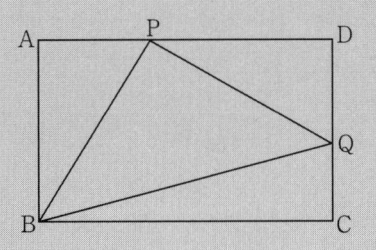

HOW TO SOLVE?

平面図形の基本である三角形を題材にした入試問題は星の数ほどあり、図形の一部の長さを求めさせる問題も数多く出題されています。難易度は様々ですが、問題によっては解き方のプロセスを変えることにより、格段に速く解ける問題も少なくありません。まさに解法いかんで時間に大きく差が出る問題といえます。

キーワードは「分割」です。

3辺とも宙に浮いた三角形ですから、直接三角形の面積

公式を当てはめて解くことは無理です。点Pの位置は不確定ですが、三角形を3分割して面積が一定な部分と変化する部分に注目すれば時間短縮で解けます。

しかし、米山クンはオーソドックスな解法でアプローチしたようです。間違いではないのですが、少々時間がかかり、キレを欠いた方法になっています。

塾長：Qは固定されているから△BCQの面積はわかるよね。

米山：いずれにしてもかなり面倒そうですね。面積を差し引きしてまずDPを求める方法で解いてみます。

塾長：ほう。

米山：補助線を引きます。

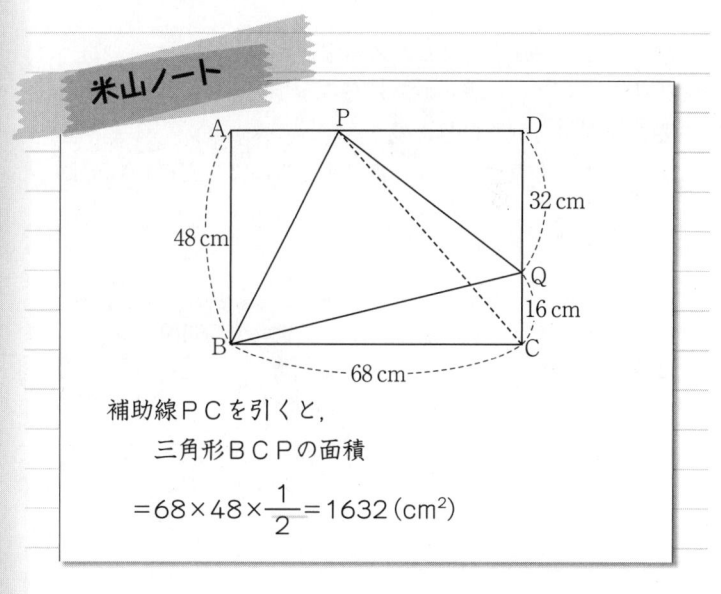

米山ノート

補助線PCを引くと、

三角形BCPの面積

$$= 68 \times 48 \times \frac{1}{2} = 1632 \, (cm^2)$$

一方，
　　四角形BCQPの面積
　　$= 1408 + 68 \times 16 \times \dfrac{1}{2}$
　　$= 1952 \, (\text{cm}^2)$
　　三角形CQPの面積
　　$= 1952 - 1632$
　　$= 320 \, (\text{cm}^2)$
DQ$= 48 - 16 = 32$ (cm)を底辺とすると，DPが高さだから，
　　DP$= \dfrac{320 \times 2}{32} = 20$ (cm)
よって，
　　AP$= 68 - 20 = 48$ (cm)……答え

塾長：この解法もよく使われる方法だけどね。

米山：もっといい手があるんだろうな，きっと。

塾長：だから例題にしたのさ。
　　誰にも教えていない奥の手を米山クンだけに教えよう。

米山：先生，うそばっかり！
　　塾の先輩達にも教えたでしょ？

塾長：バレちゃしょうがないな，ハハハ。

問題17 点が動いても一定のもの

速攻術 By 塾長

三角形BQPをアイウに3分割する。

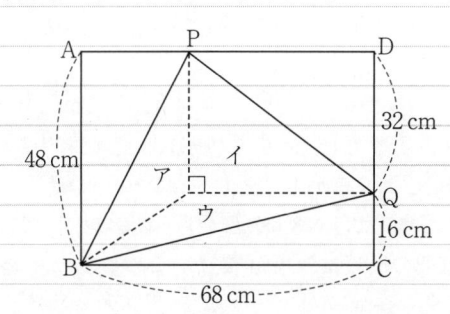

Pの位置に関係なく、ア＋イは一定値をとる。

面積ア＋イ

$= 32 \times 68 \times \dfrac{1}{2}$

$= 1088 \, (cm^2)$

面積ウ

$= 1408 - 1088$

$= 320 \, (cm^2)$

$DP = \dfrac{320 \times 2}{32} = 20 \, (cm)$

$AP = 68 - 20 = 48 \, (cm)$ ……答え

塾長：点Pの位置によってウの部分の面積だけが変化することに気付けばいい。計算量も少なくミスも回避できるし、速くなることうけ合いだね。

米山：この形の三角形を分割するってなかなか気付きませ

んよね。

塾長：つるかめ算や差し引きするより素早く解けるね。

米山：試験場では時間節約になるし……。

塾長：しっかり身に付けておいてくれ，米山クン。

類題

たての長さが15cmの長方形ABCDがあります。点Pは，辺BC上をBからCまで毎秒1.5cmの速さで動きます。また点Eは辺AB上のBから5cmのところにあり，三角形DEBの面積は50cm²です。このとき，次の各問いに答えなさい。

(1) 点Pが動き始めてから8秒後の三角形PDEの面積は何cm²ですか。

(2) 三角形PDEの面積が120cm²になるのは，点Pが動き始めてから何秒後ですか。

(明治大学付属明治中)

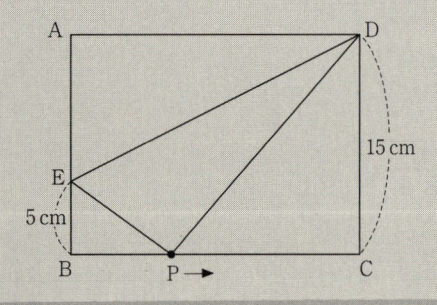

HOW TO SOLVE?

例題と同様に三角形を分割して考えます。点PがBを出

発するときの三角形ＤＥＢの面積(下図)は50cm²ですから，出発後，増加する面積を考えて解き進めます。

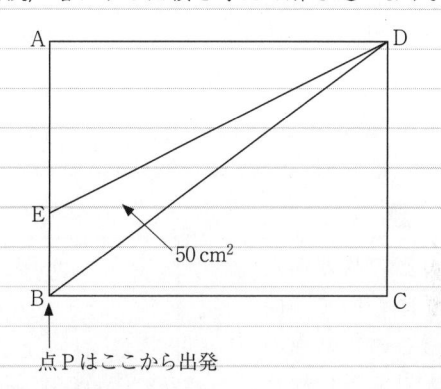

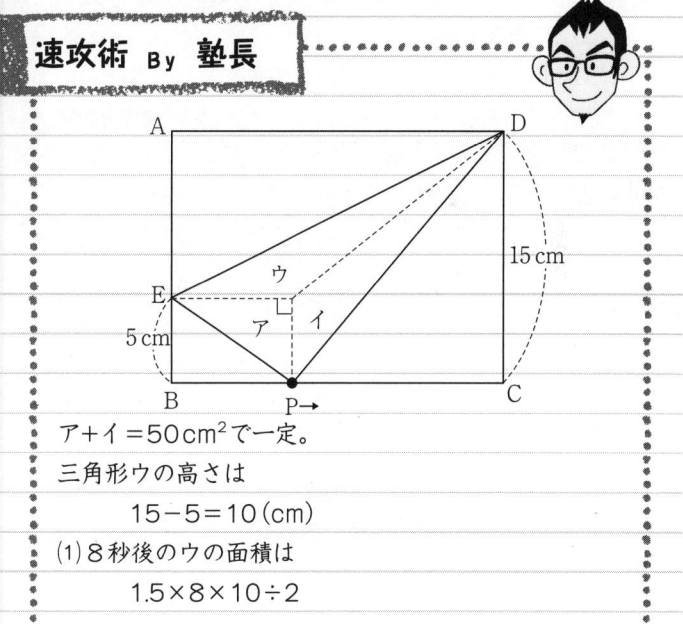

速攻術 By 塾長

ア＋イ＝50cm²で一定。

三角形ウの高さは

$$15-5=10\,(cm)$$

(1) 8秒後のウの面積は

$$1.5\times 8\times 10\div 2$$

$$= 60 \,(\text{cm}^2)$$
$$50 + 60 = 110 \,(\text{cm}^2) \cdots\cdots 答え$$
(2) $120 - 50 = 70 \,(\text{cm}^2)$
$$70 \times 2 \div 10 \div 1.5 = 9\frac{1}{3} \,(秒) \cdots\cdots 答え$$

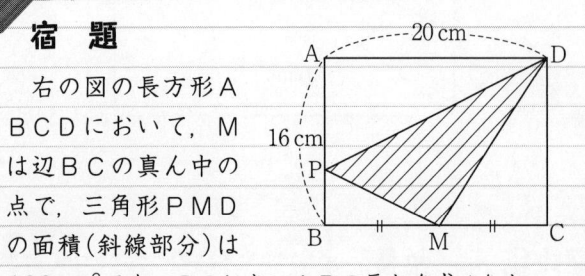

宿題

右の図の長方形ABCDにおいて，Mは辺BCの真ん中の点で，三角形PMDの面積（斜線部分）は100cm²です。このとき，APの長さを求めなさい。

(跡見学園中)

解説

アとイとウにどう分割するか。それが決まればあとの解法は同じです。

$$ア + イ = 10 \times 16 \times \frac{1}{2} = 80 \,(\text{cm}^2)$$
$$ウ = 100 - 80$$
$$ = 20 \,(\text{cm}^2)$$
$$BP = 20 \times 2 \div 10$$
$$ = 4 \,(\text{cm})$$

よって，
$$AP = 16 - 4$$
$$ = 12 \,(\text{cm}) \cdots\cdots 答え$$

120

問題18 厄介ものの切り口

　下の図は1辺4cmの立方体を点A, P, Qを通る平面と, 点B, Q, Rを通る平面で切断し, 2つの三角すいを切り取った立体です。この立体の表面積を求めなさい。ただし, 点P, Q, Rはそれぞれ立方体の辺のちょうどまん中の点です。

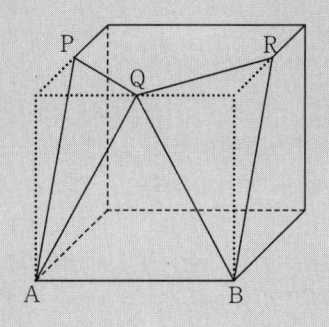

(市川中)

HOW TO SOLVE?

　何と言っても切断面の二等辺三角形の面積がカギです。切り落としたあとの形は次の図の通りですが, いろいろな形をした面が残ります。切られず残る正方形はたったの2面。面倒になりそうです。何かいい計算方法を考えたくなりますが……。

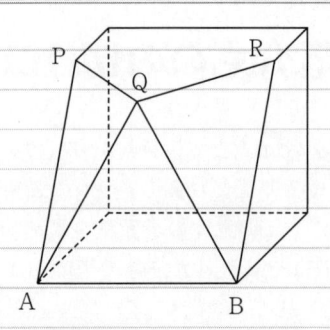

塾長：何かいい方法は思いついたかい？

米山：各面をバラバラにして計算するしかなさそうです。

塾長：それもいいけど時間がかかるよ。

米山：やるしかないでしょ。いいアイデアが浮かばない時はとりあえず図を写して，指先を動かせと父は言います。アイデアマンの父の教えです。展開図をとにかく描いて，次の行動を考えます。

塾長：それも一理あるけど。

米山：展開図を描けばどうにかなりそうだけど。やっぱり，切断面の三角形は何だか厄介な気がしますね。やっぱり差し引くしかないのかな。

米山ノート

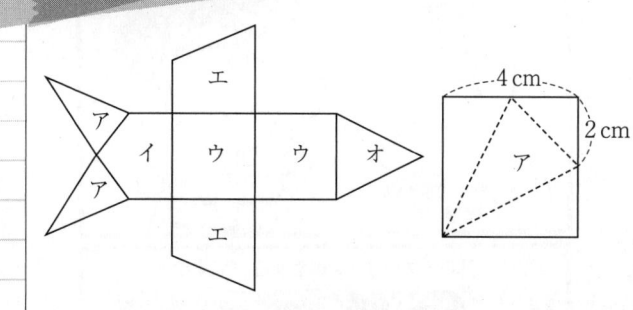

問題18 厄介ものの切リロ

$$\{4\times4-(2\times4+2\times2\div2)\}\times2$$
$$=12\,(\mathrm{cm}^2)\cdots\cdots ア$$
$$16-2\times2\div2\times2=12\,(\mathrm{cm}^2)\cdots\cdots イ$$
$$16\times2=32\,(\mathrm{cm}^2)\cdots\cdots ウ$$
$$(16-2\times4\div2)\times2=24\,(\mathrm{cm}^2)\cdots\cdots エ$$
$$16-2\times4\div2\times2=8\,(\mathrm{cm}^2)\cdots\cdots オ$$
$$12+12+32+24+8=88\,(\mathrm{cm}^2)\cdots\cdots 答え$$

YONEYAMA

ゼェゼェ
一応正解だけど
相当手間取ってるな
式が多すぎ！
計算ミスのリスクが高まる。ですか？
先生のログセ……
そうはいっても，本番じゃ計算ミスは
死活問題だよ！軽く考えちゃいけない！
そんなことは百も承知しています
だからこの塾で……
秘訣を伝授？
勿体ぶらず早くいい手を教えて下さい
うるっ
米山クンが描いたこの展開図
使いこなせず
惜しいな

塾長のワンポイントアドバイス

ちょっと不思議ですが，切り落とされた三角錐を展開すると下図のように正方形になります。これを知っているか否かで大きく差がついてしまいます。受験生は知識として覚えた方が得策です。そして二等辺三角形BRQは切り口です。この二等辺三角形をさらに分割してみます。Q，Rはそれぞれ辺の中点ですから分解した3個の三角形はそれぞれ正方形の面積の$\frac{1}{8}$に当たることが分かります。

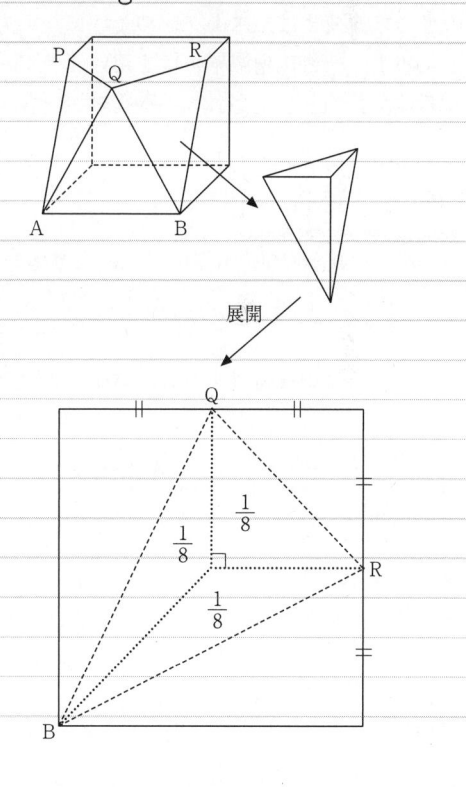

問題18　厄介ものの切り口

つまり，正方形の面積の

$$1 - \frac{1}{8} \times 3 = \frac{5}{8}(倍)$$

が切り落とされ，

正方形の面積の $\frac{3}{8}$ 倍の断面積が現れるので，差し引き

$$\frac{5}{8} - \frac{3}{8} = \frac{2}{8} = \frac{1}{4}(倍)$$

の面積が「減る」ことになります。

この考え方を使えば，米山クンのように，いちいち面積を寄せ集めず，一気に増減率だけを用いてサクッと片付けられるのです。

速攻術 By 塾長

$4 \times 4 \times 6 = 96 (cm^2)$ ……元の立方体の表面積

$4 \times 4 \times \frac{1}{4} \times 2 = 8 (cm^2)$

……2個の三角錐を切って減少した表面積

$96 - 8 = 88 (cm^2)$ ……答え

類題

一辺の長さが10cmの正方形の折り紙を3頂点A，B，Cが重なるように点線で折って，ある立体を作りました。次の各問いに答えなさい。

(1) この立体の体積を求めなさい。
(2) 図の点線で囲まれた三角形を底面としたときの、この立体の高さを求めなさい。

(晃華学園中)

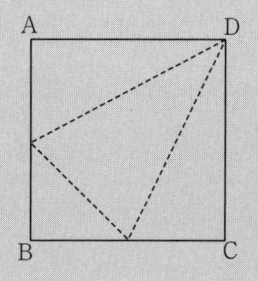

塾長のワンポイントアドバイス

ここで重要な公式のおさらい。

$$錐体の体積 = 底面積 \times 高さ \times \frac{1}{3}$$

例題で展開した正方形を組み立て直すと三角錐に戻ります。

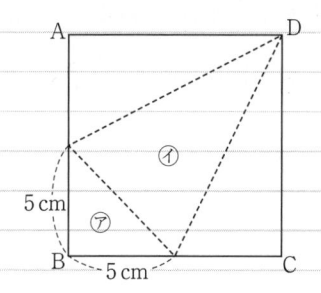

(1)の体積は㋐を底面として求めますが、問題は高さです。

∠A＝∠B＝∠C＝90°なので、組み立てて三角錐を作

るとき，頂点A・B・Cは集まってひとつの頂点となります。つまり㋐を底面とすると，辺ADと辺CDは合わさり，㋐から垂直に伸びる三角錐の辺となり長さは10cm。これが高さとなるわけです。

(2)は三角錐を倒して，㋑を底面としたときの高さを逆算する問題です。3をかけるのを忘れないよう注意しましょう。

速攻術 By 塾長

(1) 　㋐の底面積×高さ×$\frac{1}{3}$

$= 5 \times 5 \times \frac{1}{2} \times 10 \times \frac{1}{3}$

$= 41\frac{2}{3}$ (cm³) ……答え

(2) 125ページの例題の考え方から，点線の三角形は，正方形の面積の$\frac{3}{8}$倍の底面となる。

$41\frac{2}{3} \times 3 \div \left(10 \times 10 \times \frac{3}{8}\right)$

$= \frac{125}{3} \times 3 \times \frac{8}{10 \times 10 \times 3}$

$= 3\frac{1}{3}$ (cm) ……答え

問題 18 厄介ものの切り口

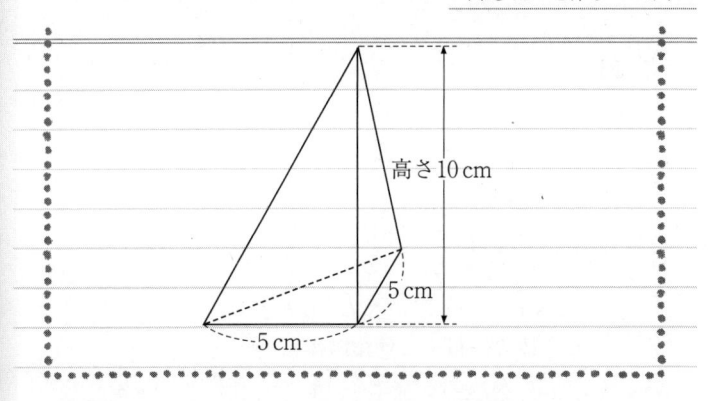

宿 題

下の図は，一辺が10cmの立方体で，M，Nはそれぞれ辺AB，BCのまん中の点です。今，3つの点M，N，Fを通る平面で，この立方体を切りました。

(1) できた三角すいの展開図を，右の正方形の中に切れ目となる線を引いて，完成させなさい。
(2) 切り口の三角形MFNの面積を求めなさい。
(3) 三角すいを切り取った残りの立体の表面積を求めなさい。
(4) 三角すいを切り取った残りの立体の体積を求めなさい。

(慶應義塾普通部)

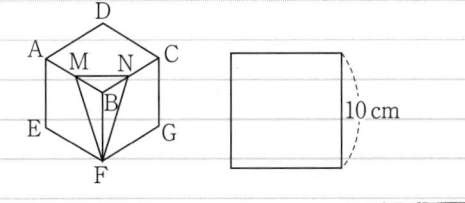

解説

(1) 下図

(2) $10 \times 10 \times \dfrac{3}{8} = 37.5 \,(\text{cm}^2)$ ……答え

(3) $10 \times 10 \times \left(\dfrac{5}{8} - \dfrac{3}{8}\right) = 25 \,(\text{cm}^2)$ ……答え

$10 \times 10 \times 6 - 25 = 575 \,(\text{cm}^2)$

(4) 立方体の体積 − 三角錐の体積

$= 10 \times 10 \times 10 - 5 \times 5 \times \dfrac{1}{2} \times 10 \times \dfrac{1}{3}$

$= 958\dfrac{1}{3} \,(\text{cm}^3)$ ……答え

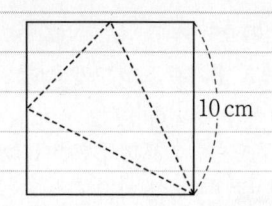

問題19 体積＝底面積×高さ

図のように，三角形ABCの角Bが90°の直角三角形を底面にもつ三角柱の形の密閉された容器に水が入っています。この容器を面BCFEが底面になるように置くと水の深さは25cmになりました。次の問いに答えなさい。ただし，容器の厚さは考えないものとします。

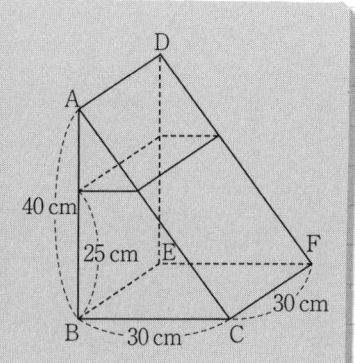

(1) 面ABEDが底面になるように置くと，水の深さは何cmですか。

(2) 辺BEを床につけたまま水面が辺CFと重なるようにかたむけました。水面と辺ABが交わる点をGとしたとき，AGの長さは何cmですか。

(本郷中)

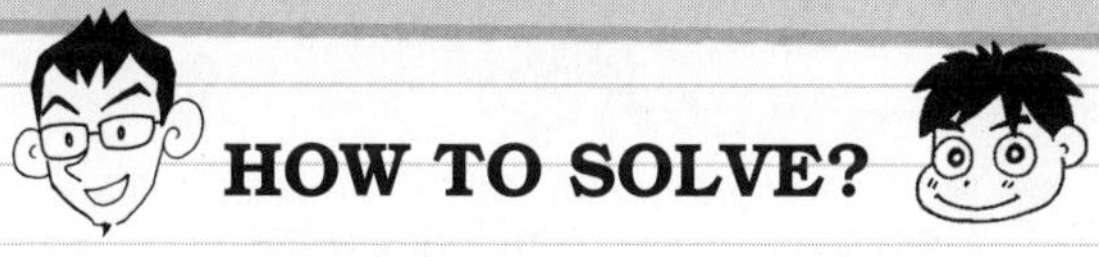

HOW TO SOLVE?

ふたのない容器や密閉された容器に入れられた水はその形に従い，自由自在に形状を変化させます。

「容器を倒す」といったとき，その前後の状態をイメージできるかどうかがカギとなるでしょう。

この問題の場合，倒し方が単純ですから横から見た図を描き起こせば容易に変化をとらえられるはずです。

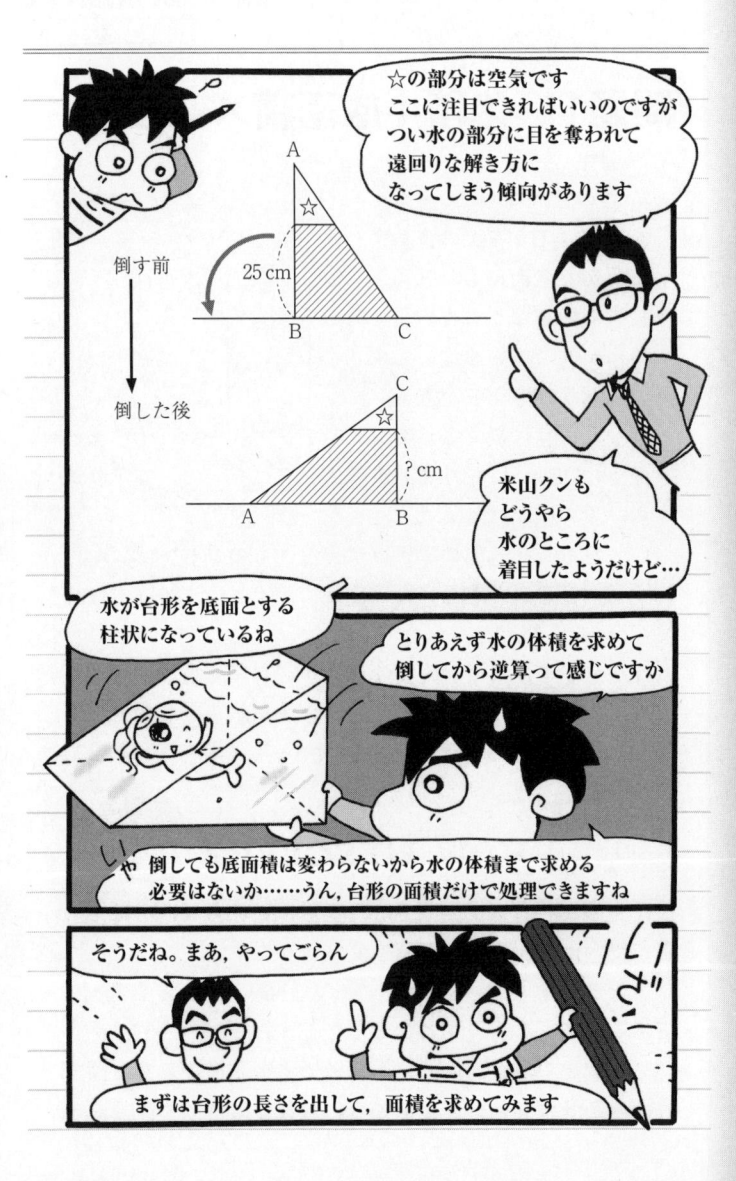
☆の部分は空気です
ここに注目できればいいのですが
つい水の部分に目を奪われて
遠回りな解き方に
なってしまう傾向があります
A
25 cm
B
C
倒す前
倒した後
C
? cm
A
B
米山クンも
どうやら
水のところに
着目したようだけど…
水が台形を底面とする
柱状になっているね
とりあえず水の体積を求めて
倒してから逆算って感じですか
いや 倒しても底面積は変わらないから水の体積まで求める
必要はないか……うん，台形の面積だけで処理できますね
そうだね。まあ，やってごらん
まずは台形の長さを出して，面積を求めてみます

米山ノート

(1)水面の横幅をHIとすると,

三角形ABCと三角形AHIの相似比

$= 40 : (40-25)$

$= 40 : 15$

$= ⑧ : ③$

$HI = 30 \times \dfrac{③}{⑧} = 11.25 \,(cm)$

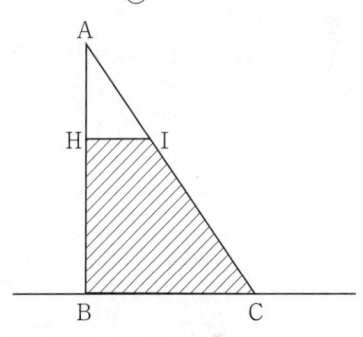

台形HBCIの面積

$= (11.25 + 30) \times 25 \times \dfrac{1}{2}$

$= 515.625 \,(cm^2)$

倒したあとの台形の上底

$= 40 \times \dfrac{③}{⑧}$

$= 15 \,(cm)$

深さの逆算

$= 515.625 \times 2 \div (15 + 40)$

$= 18.75 \,(cm)$ ……答え

(2) (1)の台形の面積は倒した後の三角形ＢＣＧの面積と等しいから，

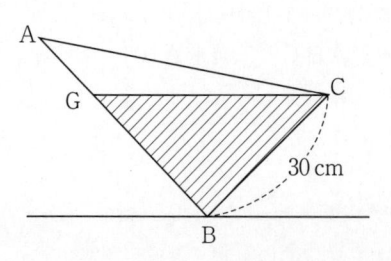

$GB = 515.625 \times 2 \div 30 = 34.375$ (cm)

よって，

$AG = 40 - 34.375 = 5.625$ (cm) ……答え

YONEYAMA

塾長：かなりやっかいな計算になったね。
米山：なにかもっと軽くできる方法はありませんか？
塾長：この手の問題は「空気を読む」としてはどうだろう？
米山：「空気を読む」ですか？

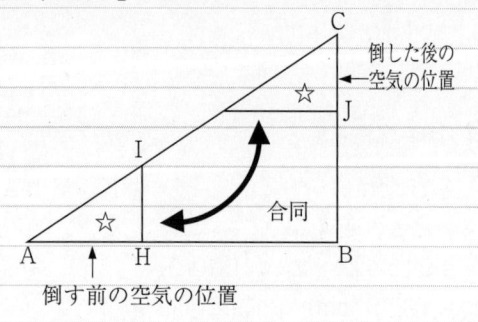

倒した後の空気の位置
合同
倒す前の空気の位置

134

問題19 体積＝底面積×高さ

塾長：☆の部分は空気で，しかも図のように倒す前後で合同の三角形だ。だから，米山クンが求めたＨＩの長さはそのまま上に移動してＣＪの長さに等しくなる。

米山：ああ！　なんでこんな単純なことに気付かなかったんだ！　面倒な計算をして損をしてしまった。

塾長：(2)も相当遠回りをしてるね。

米山：「空気を読む」と簡単でしたね。

塾長：さらに言えば，☆の部分と三角形ＡＢＣが相似を考えると，やっぱりＣＢ：ＪＢ＝８：５だね。

米山：わっ，ＩＨの長さすら求める必要がなかったのか？

塾長：その通り！　速攻の真髄ここにありだね。

米山：気付く，気付かないでこんな差があるなんて……。

速攻術 By 塾長

ＡＢ：ＨＢ
＝40cm：25cm
＝⑧：⑤

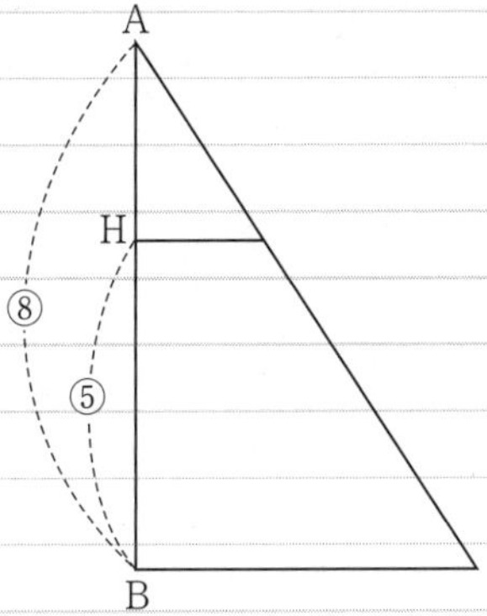

135

(1) 倒した後の状態に転用する。

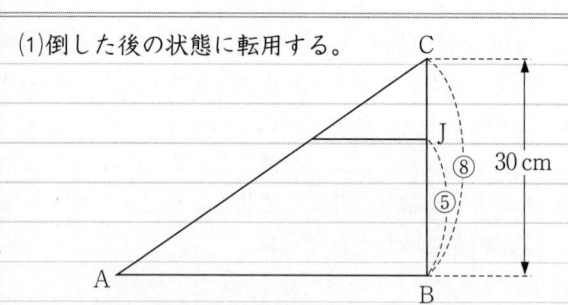

倒した後の水の深さBJ

$= 30 \times \dfrac{⑤}{⑧} = 18\dfrac{3}{4}$ (cm) ……答え

(2) AH = 40 − 25 = 15 (cm)

$AG = \dfrac{15 \times \boxed{3}}{\boxed{8}} = 5\dfrac{5}{8}$ (cm) ……答え

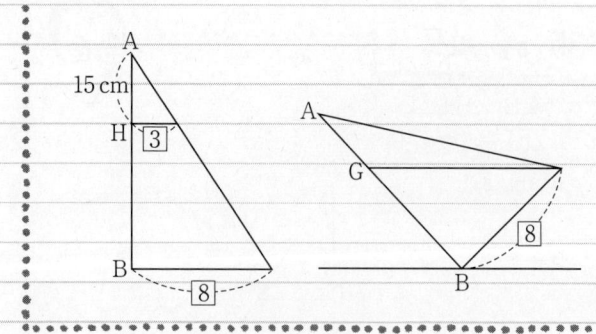

米山：うわ〜さすが，速いですね。

塾長：問題文では「水が……」って注意を引いて，空気の存在から目を逸らさせる。受験生は水だけに気を奪われて時間をかけすぎてしまう。

問題19 体積＝底面積×高さ

米山：試験場では冷静な判断が要求されるわけですね？

類題
下の図のような，深さが4cmまで水が入っている密閉された容器が，水平な台に置いてあります。容器の厚さは考えないものとします。

(1)この容器の表面積は何cm²ですか。また，この容器の容積は何cm³ですか。
(2)容器に入っている水の体積は何cm³ですか。
(3)面ＥＡＢＦが下になるように容器を置くと，水の深さは何cmになりますか。
（田園調布学園中等部）

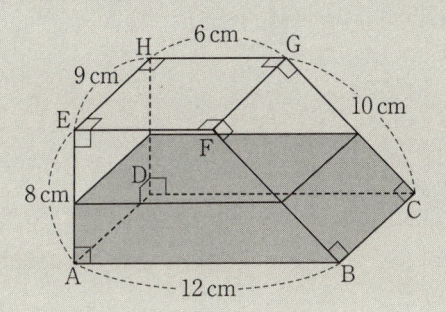

今度は例題と倒し方が異なります。

例題では水の深さ（柱状の奥行き）は一定の中で，底面の形状の変化を問う形になっています。この問題では倒した後の水の深さの変化を答えさせます。

ただし，底面積をまともに計算すると厄介ですから工夫が必要です。

9 cm

倒す前：
手前の台形が底面で
高さ9cmの柱体

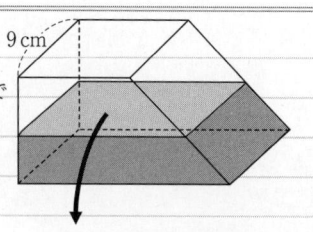

倒した後：
台形全体を底面とする柱体になった。

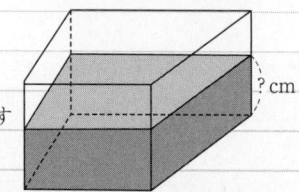

?cm

塾長：容器の倒し方が例題とは異なるね。

米山：問(1)(2)は普通に計算するのでしょうが，(3)は何かいい手がありそうですね。

塾長：「比」を上手く使えば時間短縮ができると思うよ。

米山ノート

(1) $(6+12)\times 8 \div 2 = 72 \,(\text{cm}^2)$ ……台形の底面積

$9\times(8+12+10+6)=324\,(\text{cm}^2)$

……台形以外の側面積

$72\times 2+324=468\,(\text{cm}^2)$ ……表面積

$72\times 9=648\,(\text{cm}^3)$ ……容積

(2) $(6+12)\div 2=9\,(\text{cm})$ ……水面台形の上底の長さ

$(9+12)\times 4\div 2\times 9=378\,(\text{cm}^3)$ ……水の体積

(3) $378\div 72=5.25\,(\text{cm})$ ……水の深さ

YONEYAMA

米山：このケースだと、底面積と水の体積を計算したから、(3)は単に逆算して深さが求まりましたが。

塾長：そうだね。(3)のような設問が単独で出題されるケースもあるので少し工夫の研究をしておこうか。

米山：そうそう、僕はそれを知りたかったのです。

塾長のワンポイントアドバイス

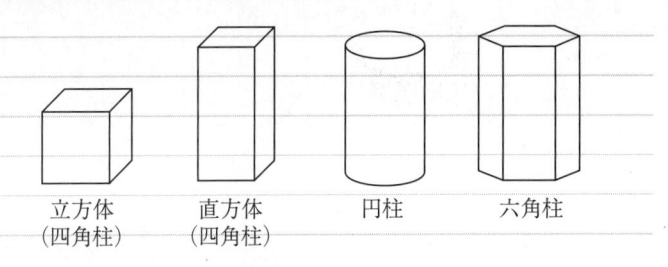

立方体　　　直方体　　　円柱　　　六角柱
(四角柱)　　(四角柱)

上の図は柱体のいろいろですが、名称は底面の形に由来します。直方体、立方体も柱体の一種です。体積の公式は、

柱体の体積＝底面積×深さ

ですが底面積は具体的に計算せず、倒す前後での底面積の「比」で処理すると計算が楽になります。特に円柱の場合「円周率3.14」が算数では付き物ですからかなり厄介な計算になります。(3)のような設問は、

水の体積比＝倒す前の底面積比×深さ(cm)

と求めてから逆算で、

倒した後の深さ(cm)
＝水の体積比÷倒した後の底面積比

これらの式は×÷を分数形式で連続させます。

速攻術 By 塾長

(3)水面の両端をIJとすると平均で，
IJ＝(6＋12)÷2＝9(cm)

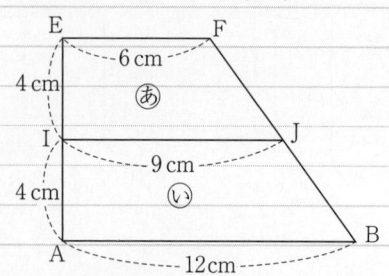

```
        E ─── 6cm ─── F
      ╱                │
   4cm      あ         │
    ╱                  │
   I ─── 9cm ───────── J
   │                    ╲
   4cm     ⓘ             ╲
   │                      ╲
   A ─────── 12cm ───────── B
```

台形あとⓘの底面積比を求める。
共に高さが4cmで等しく1:1，面積比は上下底の長さの和の比で決定する。

底面積比 あ：ⓘ
＝(6＋9)×1：(9＋12)×1
＝15：21
＝⑤：⑦

倒す前はⓘの⑦が底面であり，倒した後は台形あとⓘの和すなわち，⑤＋⑦＝⑫の面が底面となるので，

$$\frac{⑦×9}{⑫}=5.25(\text{cm}) \cdots\cdots 答え$$

問題19 体積＝底面積×高さ

宿題

長方形と直角三角形の面でできた容器に水を入れて密閉します。この容器を図のように，長方形BCFEが下になるように水平な床においたところ，水の深さは10cmになりました。

次の問いに答えなさい。

(1) 長方形ACFDが下になるようにおくと，水の深さは何cmになりますか。

(2) 辺CFを床につけたまま容器を回転し，水面が辺ADと重なるようにします。水面と辺BCとの交点をGとすると，BGの長さは何cmになりますか。

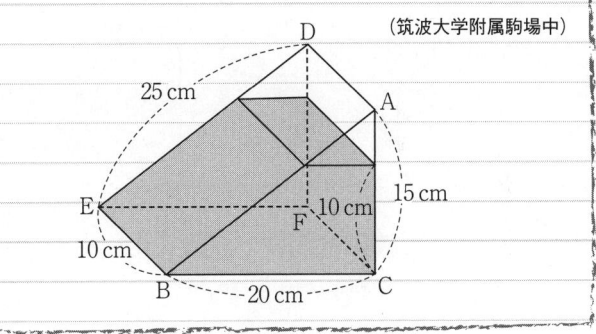

(筑波大学附属駒場中)

```
         D
  25cm        A
              
              15cm
  E      10cm
         F
 10cm
    B   20cm   C
```

解答

(1) 水面の高さをHとすると，

　　AC：HC

　＝15cm：10cm

　＝③：②

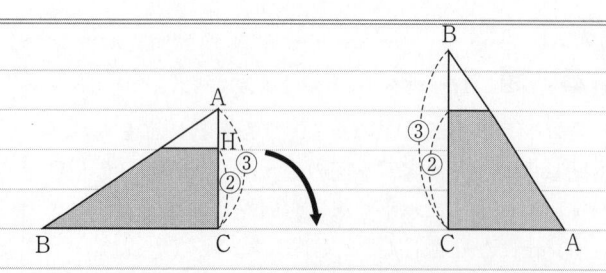

倒した後もBC：水面の高さの比は③：②となり，

$$水の深さ = 20 \times \frac{②}{③} = 13\frac{1}{3} \text{ (cm)} \cdots\cdots 答え$$

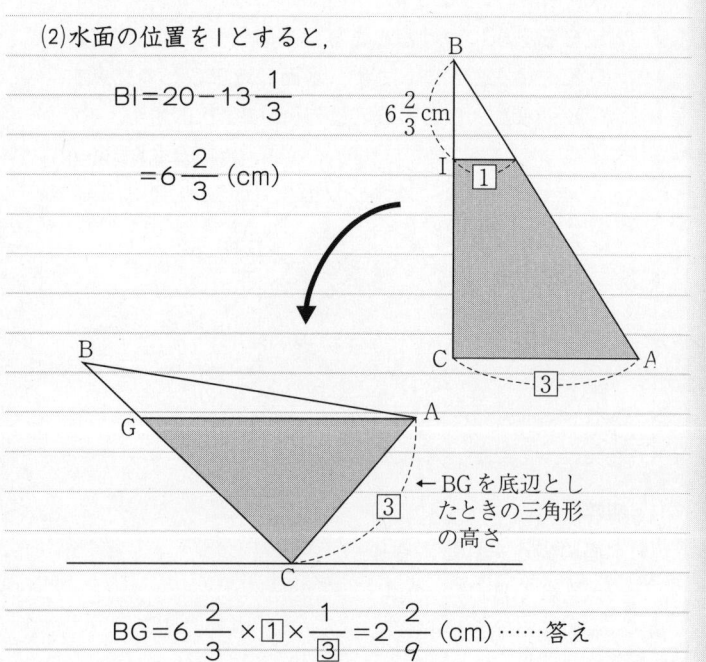

(2) 水面の位置をIとすると，

$$BI = 20 - 13\frac{1}{3}$$

$$= 6\frac{2}{3} \text{ (cm)}$$

←BGを底辺としたときの三角形の高さ

$$BG = 6\frac{2}{3} \times \boxed{1} \times \frac{1}{\boxed{3}} = 2\frac{2}{9} \text{ (cm)} \cdots\cdots 答え$$

142

問題20　図形カウンター

> 下の図は，たて5本，横4本の直線でできています。この図では，いろいろな長方形ができます。長方形は全部で何個ですか。
>
> （公文国際学園中等部）

HOW TO SOLVE?

複雑に入り組んだ図形の中に何個の図形が隠れているのかを数え上げる問題です。鉛筆でなぞっていっても，紙が真っ黒になるだけで正確に数えるのは無理です。やはり場合分けが基本ですが，この問題のように平行線で長方形に分割されているものは，工夫すればあっさり計算で求めることが可能です。

米山：場合分けをしっかりしなさいと先生は教えましたね。
塾長：その通り。場合の数は場合分けが命。
米山：いろいろな大きさの長方形が出来ますよね。もれなく，ダブリなくと……。
塾長：ていねいに数え上げているみたいだね。
米山：もう少しです。

米山ノート

大きさ別に数え上げる。

$3 \times 4 = 12$
$3 \times 3 = 9$
$3 \times 2 = 6$
$3 \times 1 = 3$

$2 \times 4 = 8$
$2 \times 3 = 6$
$2 \times 2 = 4$
$2 \times 1 = 2$

$1 \times 4 = 4$
$1 \times 3 = 3$
$1 \times 2 = 2$
$1 \times 1 = 1$

$(1+2+3+4) \times (3+2+1)$
$= 60$(個) ……答え

塾長：うわ。やっぱり全部書き出したんだ。
米山：こんな作業は慣れたものです。
塾長：しかし確実だけど時間が……。
米山：やっぱりかかりますよね。試験じゃ勝てない～。
塾長：規則を見つけて計算処理ができたらステキだよね。
米山：えっ？　そんなことできるんですかぁ？

塾長のワンポイントアドバイス

　例えば，図のように斜線をつけた長方形について考えてみます。

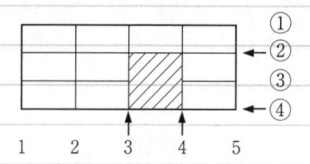

```
         ①
       ←②
         ③
       ←④
1  2  3  4  5
```

　この部分は，たては3番と4番の線，よこは②番と④番の線にそれぞれ挟まれています。

　つまり，この図形に含まれる大小すべての長方形の一つ一つは，たての線2本とよこの線2本に囲まれていることになります。

　あとは，組み合わせの考え方を使います。

　たては5本から2本，よこは4本から2本をそれぞれ組み合わせればよいわけです。

塾長：こんな感じだけど。どうよ，米山クンの感想。
米山：とてもステキな解き方です。辛い「地道」な生活から
　　　　早く抜け出したくなりました。

速攻術 By 塾長

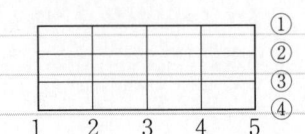

たて線5本, よこ線4本で囲まれた図だから,

```
          ①
          ②
          ③
          ④
1  2  3  4  5
```

たて線5本から2本の組み合わせ

$= \dfrac{5 \times 4}{2 \times 1} = 10$(通り)

よこ線4本から2本の組み合わせ

$= \dfrac{4 \times 3}{2 \times 1} = 6$(通り)

全体の組み合わせ $= 10 \times 6$
$= 60$(通り)……答え

類題

図のように, 4本の平行線とそれに交わる4本の平行線を引きました。この中に, 平行四辺形はいくつありますか。

(田園調布学園中等部)

速攻術 By 塾長

たて線4本から2本の組み合わせとよこ線4本から2本の組み合わせから,

$$\frac{4\times 3}{2\times 1}\times \frac{4\times 3}{2\times 1}=36(個)\cdots\cdots 答え$$

塾長のワンポイントアドバイス

算数の範囲では組み合わせの計算は,つぎのように教わります。例えばABCDの4人から2人の掃除当番を選ぶ組み合わせの場合,

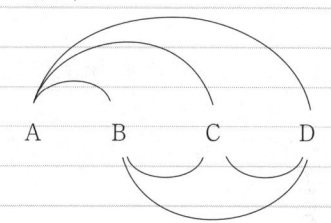

A　　B　　C　　D

図のように,Aから順に右方向に曲線で結び,

3+2+1=6(通り)

と計算してもいいでしょう。

解説の計算はいわゆる数学で扱うコンビネーション,

$$_4C_2=\frac{4\times 3}{2\times 1}$$

に当たります。

問題21 数えるだけなら

財布の中に10円硬貨1枚, 50円硬貨2枚, 100円硬貨2枚, 500円硬貨1枚が入っています。このとき, お釣りがないように支払うことができる金額は□通りあります。
(芝中)

HOW TO SOLVE?

「場合の数」の分野で頻出している問題です。様々な解法が考えられます。片っ端から書き上げてしまうのも一つの手ですが, 入試本番ではふさわしくありません。やはり,「場合の数」の解き方らしく順序よく「場合分け」をするのが定石です。

さらに, 何か規則を見つけ計算で仕上げる方法などが発見できればしめたものでしょう。

この人の財布の中身，ショボイですね
僕の方が沢山持ってますよ
お小遣いもらったばかりですから♪
そんなの問題とは関係ないでしょ！
さっさと解くー！
10円玉が１枚だから
端数は10円か60円っと
でも，お札はタンマリ入っているかも♡
10
50
50
100
100
500
COOKIES
えーと
おつりナシで～
おっ，いいところに目をつけたね
ただし！
100
100円の払い方は100円玉１枚でも
50円玉２枚でも同じだからね。１通り
そうか。そうですよね
10
100
ぐっ
ん？
それを考えると場合分けの方法に
工夫が必要ですね☆

米山ノート

500＋100×2＋50×2＋10＝810（円）
810, 800,
760, 750, 710, 700,
660, 650, 610, 600,
560, 550, 510, 500,
310, 300,
260, 250, 210, 200,
160, 150, 110, 100,
60, 50, 10　　　　27通り……答え

YONEYAMA

塾長：なんだ，結局全部書き出してる。工夫はどうしたの？

米山：工夫どころじゃないですよ。これじゃ抜けているのがありそうで不安です。

塾長：硬貨の枚数が増えたら種類が多くなり過ぎて対応しきれなくなるかも。特に10円玉が2枚，3枚と増えればどっと増えそうな気がするな。

米山：これじゃ時間的に勝ち目はないか……。うーん。

塾長：珍しく弱気の米山クンだな。

米山：工夫のアイデア，アイデア。ふう，先生ギブアップ！

塾長：重複しないように樹形図で整理してみよう。500円玉は使うか使わないかの2通り。100円玉2個と，50円玉2個の総額は300円だね。

50円刻みで50円の倍数が，

　　　300÷50＝6（通り）

だけど全く使わない1通りを加えて6＋1＝7（通り）。

問題21 数えるだけなら

10円玉は1枚しかないので,使うか使わないかの2通り。これらを組み合わせるのが下の式。

速攻術 By 塾長

100×2+50×2=300(円)
　　　　　……100円玉,50円玉の合計額
300÷50+1=7(通り)
　　　　　……50円刻みの段階数

組み合わせから,全くお金を使わない「0円」の1通りは除く。

2×7×2−1=27(通り)……答え

米山:楽勝じゃないですか! 速い〜。ほんと,27通りだ。そうか! かけ算で工夫しても全く使わない1通りが入ってしまうので,最後に引くわけですね。なるほど。

塾長:それぞれの硬貨の使い方を場合分けして,規則的な計算で処理しても,この点には注意を払いたいね。米山クン,いい指摘をしてくれました。
やっぱり,場合の数はこう解かなくては!

塾長のワンポイントアドバイス

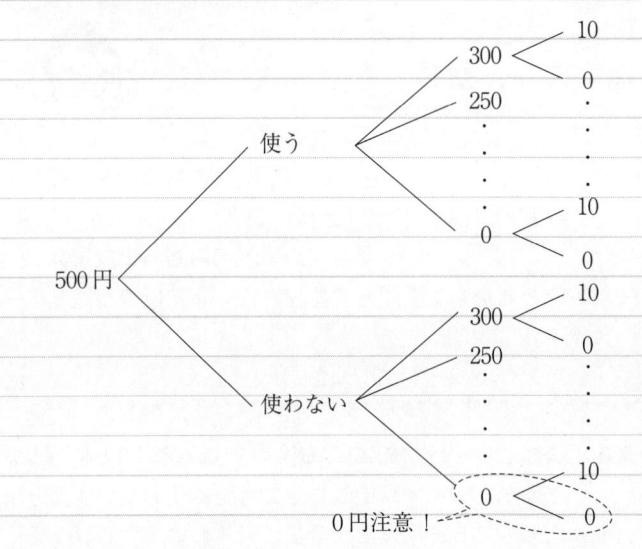

```
                              10
                       300 <
                              0
                       250
                        ·
              使う      ·
                        ·
                        ·      10
                        0  <
                               0
500円
                              10
                       300 <
                              0
                       250
                        ·
             使わない   ·
                        ·
                        ·      10
                        0  <
                               0
                      0円注意！
```

類題

(1) 10円硬貨4枚，50円硬貨1枚，100円硬貨3枚の全部または一部でちょうど支払える金額は何通りありますか。

(2) 10円硬貨2枚，50円硬貨3枚，100円硬貨3枚の全部または一部でちょうど支払える金額は何通りありますか。

(江戸川学園取手中)

問題21 数えるだけなら

塾長のワンポイントアドバイス

(1)は10円玉が4枚あるので注意を要します。10円の位の端数は00円から90円まで10円刻みでまんべんなく作れますから例題のような計算は不要です。

(2)は例題で解説したとおり場合分けをして、積の法則でかけ算で求めましょう。最後の「0円」は1通りなので、その分を差し引きします。

速攻術 By 塾長

(1)総額は、
　　$100×3+50+10×4=390$（円）
だが、10円から390円まで10円刻みで全通りできる。
　　$390÷10=39$（通り）……答え

(2)例題で扱った方法で解く。
　　$100×3+50×3=450$（円）
　　$450÷50+1=10$（通り）
10円玉の使い方は20, 10, 0の3通りだから、
　　$10×3-1=29$（通り）……答え

宿題

(1) 10円玉を3枚, 50円玉を2枚, 100円玉を2枚持っています。ちょうど支払える金額は□通りあります。

(桐光学園中)

(2) Aさんの財布には100円玉が5枚, 50円玉が6枚, 10円玉が3枚入っています。Aさんがおつりの無いように払える金額は, 全部で何通りあるかを求めなさい。

(東邦大学付属東邦中)

解説

(1) 100×2+50×2=300(円)
300÷50+1=7(通り)
10円玉の枝は, 30, 20, 10, 0の4通り
7×4−1=27(通り)……答え

(2) 100×5+50×6=800(円)
800÷50+1=17(通り)
10円玉の枝は, 30, 20, 10, 0の4通り
17×4−1=67(通り)……答え

問題22 ×÷は一気につなげて

25万分の1の地図で半径3.2cmの円があります。実際の面積は□km²です。円周率は3.14です。　　　　（雙葉中）

HOW TO SOLVE?

たった2行の簡素な問題ですが、地図から実際の面積への拡大、単位の変換をしなければなりません。その上、計算も大変やっかいな設問です。類題が中学入試で多く出題されていますが、初めから上手に解ける塾生はなかなかいません。なぜなら、計算の組み立てで遠回りをしてしまうからです。

塾長：相当苦戦しているみたいだね。
光瑠：先生、計算面倒でもうイヤになってしまいました。
塾長：おいおい、そんな弱腰じゃ合格は勝ち取れないぞ。
光瑠：もう少し時間を下さい。

光瑠ノート

$$3.2 \times 3.2 \times 3.14 = 32.1536 (cm^2) \cdots\cdots 円の面積$$
$$32.1536 \times 250000 \times 250000$$
$$= 2009600000000 (cm^2)$$

$$2009600000000 \div 100 \div 1000 \div 100 \div 1000$$
$$= 200.96 (km^2) \cdots\cdots 答え$$

hikaru

光瑠：うわっ,すごい数の0が並んでる。きれい……。

塾長：こらこら,感心している場合か！ やたら0を並べて計算を重くする人がいますかっ。時間がかかるわけだ。前に教えたこと,すっかり忘れてないかい？

光瑠：先生,怒っていますか？

塾長：怒っちゃいないけど,すごく呆れている。

光瑠：合格力には遠く及ばない……とか？

塾長：まあそんなに落ち込まないで,しっかり覚えようよ。

速攻術 By 塾長

$$\frac{3.2 \times 3.2 \times 3.14 \times 250000 \times 250000}{100 \times 1000 \times 100 \times 1000}$$
$$= 200.96 (km^2) \cdots\cdots 答え$$

はぁ，こんなに綺麗にまとまるとは……
うっとり
要するに，拡大と単位換算を同時に
分数にまとめる
3.2
3.2
3.14
25
25
分母の「100×1000」の部分はmからkmに換算すると
面積の換算だからたて・よこ2組入れて
ヒカルちゃん
分数形にまとめると，どんなメリットが？
ぱくぱく
×÷が連続するとき，一気にまとめて立式できます。
約分も同時にできるから計算量がすご～く減ります
その通り。入試本番で活用できるよう
しっかり身に付けていこう
あ
ぺろりん
がんばります！

塾長のワンポイントアドバイス

　この問題のように×÷の計算が立て込む場合，一気に分数形式で立式して，単位換算まですべて一つにまとめます。そして約分の利点を活かして計算量を格段に減らします。地図の問題は，以下の3タイプが主流になります。

1. 地図上の長さや面積を実際に拡大して戻すタイプ
2. 実際の距離や面積を地図上に縮小するタイプ
3. 異なる縮尺の間で移行させるタイプ

　例題は1のタイプで，分子で実際の面積に戻します。25万分の1は「相似の比」で実際：地図＝25万：1であり，あくまでも長さの比です。たてとよこそれぞれを25万倍で戻します。この問題は円形の土地ですから，たて・よこの感覚はありませんが，半径をそれぞれ25万倍すると考えればいいでしょう。

　しかし，これではまだ分子はcm^2のままですから，換算の割り算は分母に回し，たて・よこをそれぞれ100×1000で割ってkmに変換します。

　また，次のように実際の距離と速さを融合させた問題もあります。

類題

　縮尺25000分の1の地図上で34.8cmの道のりを自転車で走ったところ，45分かかりました。自転車は時速何kmで走ったでしょうか。

(西武学園文理中)

問題22 ×÷は一気につなげて

HOW TO SOLVE?

長さ（距離）の問題ですから，250000倍の実際への拡大，kmへの換算は1回ずつです。さらに時速を聞いているので，時間の単位換算を済ませておきます。

$$45分 = 45分 ÷ 60分 = \frac{3}{4} 時間$$

より，$÷ \frac{3}{4} \left(= × \frac{4}{3} \right)$ で速さを求めます。

速攻術 By 塾長

$$\frac{34.8 × 25000}{100 × 1000} × \frac{4}{3}$$

$$= 11.6 (km/時) \cdots\cdots 答え$$

宿題

(1) 2万5千分の1の地図上で40cmの道のりを，10分で走る自動車があります。1時間走った道のりは10万分の1の地図上では何cmですか。 (桜美林中)

(2) 縮尺 $\frac{1}{25000}$ の地図上で8cm²の公園があります。この公園の実際の面積は何km²ですか。(芝浦工業大学中)

(3) 縮尺 $\frac{1}{25000}$ の地図上で □ cm²の正方形の土地は，縮尺 $\frac{1}{5000}$ の地図上では面積が1600cm²になります。 (慶應義塾中等部)

解説

(1)実際の距離に戻さず，2種の縮尺間で移行処理します。

2種の縮尺の相似比

$$=\frac{1}{25000}:\frac{1}{100000}=\frac{4}{100000}:\frac{1}{100000}$$

$$=4:1$$

つまり，10万分の1の地図に描き変えると$1\div 4=\frac{1}{4}$倍の長さになります。

とりあえず，元の縮尺で1時間走った長さを求めます。

1時間は60分÷10分＝6倍の時間ですから，

$$240\times(60\div 10)=240\,(cm)$$

10万分の1に置き換えます。

$$240\times\frac{1}{4}=60\,(cm)\ \cdots\cdots 答え$$

(2) $\dfrac{8\times 25000\times 25000}{100\times 1000\times 100\times 1000}=\dfrac{1}{2}\,(km^2)\cdots\cdots$答え

(3) 2種の縮尺間で移行するために，相似比を簡約します。

$$\frac{1}{25000}:\frac{1}{5000}$$

$$=\frac{1}{25000}:\frac{5}{25000}$$

$$=1:5$$

$1\div 5=\dfrac{1}{5}$倍に縮小します。

面積の問題ですからたて・よこそれぞれを$\dfrac{1}{5}$倍します。

$$1600\times\frac{1}{5}\times\frac{1}{5}=64\,(cm^2)\ \cdots\cdots 答え$$

問題23 公約数が見つからない

次の文章の□にあてはまる数を答えなさい。

$\dfrac{12317}{11663}$ を約分すると，□になります。　　　　（攻玉社中）

HOW TO SOLVE?

さてこの問題では，分母・分子のG.C.D.(最大公約数)をサクっと求めたい場面ではありますが，一般の連除法(すだれ算)では全く歯が立ちません。

分母・分子とも奇数のうえ，3や7でも割り切れない生やさしい数ではないのです。塾の現場ですと，生徒達はこの類の問題を見ると反射的にすだれ算を書き始めるのですが，その後じっと考え込む姿がしばしば見られます。

往々にしてこの手の問題には大きな素数が隠れているケースが多いようですから，掘り起こすにはひと工夫必要になります。

「ユークリッドの互除法」で速くなるのか？

ところで，皆さんはユークリッドの互除法はご存じでしょうか？　受験算数ではあまり馴染みがないのですが，数学では少しかじった事があるのではないでしょうか？

ちょっとおさらいをしておきましょう。

> 144と256のG.C.D.を互除法で求めてみます。
> 　　256÷144＝1…112
> 　　144÷112＝1…32
> 　　112÷32＝3…16
> 　32÷16＝2で割り切れて，最後に割り切った16がG.C.D.。

　その名の通り，2整数を互いに割り算し，余りで割った数をさらに割り続ける方法です。

　しかし，ここでそれを使うのもちょっと大袈裟な気がします。試験場で大切な時間を無駄にできません。

　さてさて，米山クンはどうアプローチするのでしょうか？

塾長：12317，11663，共に奇数だし，もちろん3や9でも割り切れないのは明らかだね。

米山：すだれ算を書いてみましたがビクともしません，先生。一応，帯分数にしてみても意味はなさそうですね。

塾長：帯分数かぁ。それも手かもしれないけど，この種類の問題は大きい素数が隠れている場合が多いから，どう掘り起こすかがカギだね。

米山：先生に教わった互除法を使ってみます。

塾長：おっ？　高等技術を知っているね，いいぞ何事も経験だ。

米山：しっかし計算が重いな……。

問題 23　公約数が見つからない

米山ノート

?) 12317, 11663
　　?　　　?

$12317 \div 11663 = 1 \cdots 654$
$11663 \div 654 = 17 \cdots 545$
$654 \div 545 = 1 \cdots 109$
$545 \div 109 = 5$

G.C.D. は 109

$$\frac{12317 \div 109}{11663 \div 109} = \frac{113}{107} \quad \cdots\cdots 答え$$

YONEYAMA

塾長：思ったとおり, 大きな素数が3個もひそんでいたか。109, 107, 113……3桁の素数だなんて。意地が悪い。

米山：ボクならこんなのヘッチャラですよ。
しかし先生！ 実際計算がとても重くて面倒ですね。

塾長：米山クンの気持ちはよくわかる。まあ, 何事も経験だね。

米山：先生, 何かもっといい手を隠しているでしょう!! 顔がニヤニヤしていますよ。

塾長：あっ, バレちゃった？

速攻術 By 塾長

12317－11663＝654を素因数分解。

$$\begin{array}{r|r} 2 & 654 \\ \hline 3 & 327 \\ \hline & 109 \end{array}$$

109は素数であり, 分母・分子のG.C.D.の可能性。
実際割り算をしてみると,

$$\frac{12317 \div 109}{11663 \div 109} = \frac{113}{107} \quad \cdots\cdots 答え$$

塾長：$\dfrac{12317}{11663}$ の分母・分子のG.C.D.は12317－11663＝654の差も割り切るはずだから, その約数を探る方が速い。

奇数−奇数＝偶数だから，少なくとも 2 では割り切れる。実は，すでにこの引き算を実行した瞬間G.C.D.の片鱗が見えてくるわけだ。

米山：互除法を真っ向から使わずスピードアップを図れるんですね。

塾長：これは仮分数だけど，分母・分子が逆の方が受験生を惑わしたんじゃないかな。

米山：どうしてですか？

塾長：仮分数だととりあえず帯分数にしてみたくなるから，$1\dfrac{654}{11663}$ とすれば654が飛び出してくるから，ひらめくことがあるかもしれない。でも逆数 $\dfrac{11663}{12317}$ だとちょっとその発想は浮かんで来ないからね。

米山：なるほど。

類題

下の図は，たて161cm，横299cmの長方形です。この長方形を，すべて面積の等しい正方形に分けたいと思います。正方形の面積が最大になるときの，正方形の1辺の長さを求めなさい。

(東京学芸大学附属竹早中)

HOW TO SOLVE?

前の例題よりずっと数が小さくて扱いやすくなりました。
問題文を解読すると,

　　　正方形の面積が最大になる
　　＝1辺の長さが最大になる
　　＝たてとよこの長さのG.C.D.を求める

161と299のG.C.D.を求めるわけですが，やはりすだれ算でもすぐ求まりそうもありません。

速攻術 By 塾長

299－161＝138を素因数分解。

```
2 ) 138
3 )  69
     23
```

よって1辺の長さ（G.C.D.）は23（cm）……答え

問題24 水の体積は？

図のような中じきりのある直方体の容器があります。しきりの一方の側をA，他の側をBとします。Bに石を入れておき，Aに1秒間に10cm³の割合で水を入れつづけたら，Aの水面の高さは下のグラフのように変化しました。石の体積は何cm³ですか。しきりの厚さは考えないことにします。(武蔵中)

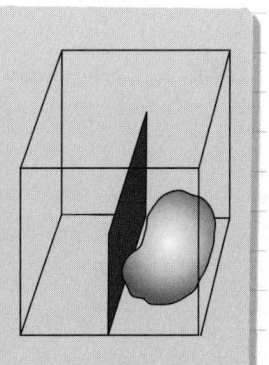

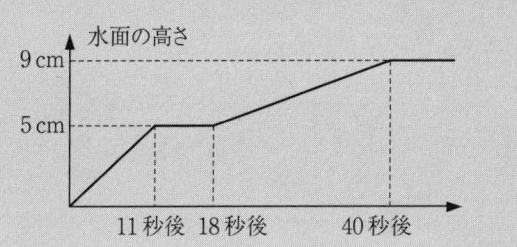

水面の高さ
9cm
5cm
11秒後 18秒後 40秒後

HOW TO SOLVE?

まずグラフが比較的シンプルな例題です。しかしシンプルとは言え，なかなか手ごわい問題です。

グラフを分析して水槽の各部分で起きている事象を正確にとらえなければなりません。ふつう水槽は手前の面から見て，奥に向かう柱体の形をしていますから，手前の面を

167

底面と見なせば，底面積だけで計算を進めることも可能です。水が満たされる時間と底面積が比例している事が利用できるはずです。さて，米山クンの答案を見てみましょう。

塾長：グラフと水槽の関係をしっかり摑めるかな。
11秒でAが一杯になって……。

米山：しきりを越えてBに流れ込むから，グラフは横ばい。あっ，18〜40秒でしきりの上が一杯になるから，容器全体の底面積もわかります。1秒間に10cm^{3}と注水量がわかっているから楽な問題ですよ。底面積さえ求まればあとは簡単ですね。

米山ノート

$10 \times 11 \div 5 = 22 (cm^2)$……Aの底面積
$10 \times (40-18) \div (9-5) = 55 (cm^2)$
　　　　　　　　　　　……容器の底面積
$55 - 22 = 33 (cm^2)$……Bの底面積
$33 \times 5 - 10 \times (18-11) = 95 (cm^3)$
　　　　　　　　　　　……石の体積……答え

YONEYAMA

塾長：うーん。果たして底面積を求める必要があるかな。
米山：確実に解くには必要かと思います。
塾長：それはそうなんだけど……。
各部分の注水時間と深さとの関係が比例することを利用する。さらに，石がないと仮定した場合の注水

時間も考えたいね。

米山：深さとの関係ですか……。何かいい手ありますか。

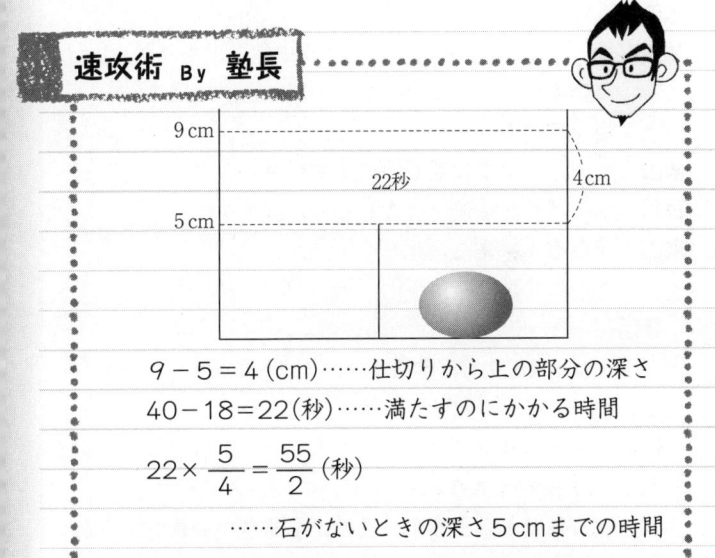

速攻術 By 塾長

$9 - 5 = 4$ (cm) ……仕切りから上の部分の深さ

$40 - 18 = 22$ (秒) ……満たすのにかかる時間

$22 \times \dfrac{5}{4} = \dfrac{55}{2}$ (秒)

　　　……石がないときの深さ5cmまでの時間

$\dfrac{55}{2} - 18 = \dfrac{19}{2}$ (秒) ……石の体積分の時間

$10 \times \dfrac{19}{2} = 95$ (cm^3) ……石の体積……答え

米山：塾長やるもんですねえ。綺麗に片付きましたね。

塾長：時間と深さの関係で簡単に終わってしまった。自分でもビックリだよ。ははは。

米山：それに引き換え、底面積まで求めてしまった答案がちょっと空しいです。

塾長：いやいや、米山クンの答案でも立派に通用する。た

だし,ここは速算鍛錬塾だからね。いろいろ研究してほしいね。

米山:はい,頑張ります!

塾長:じゃあ,ここでもう1問。女子中学で出た問題。「女子の学校だから簡単」なんて思ったら大間違い!痛い目にあうぞ〜!

米山:へー,そんなに難しいのですか?

塾長:やっぱり比を使いこなせなければキツいかな。

米山:面白そう。見たい見たい!

類題

グラフは1000ℓ入る水そうに,はじめにA管だけ,次にB管だけ,さらにA管とB管の両方,最後にB管だけを使って水を入れたときの時間と水そうの水の量の関係を示しているグラフです。

(1) A管とB管から出る水の量の比を簡単な整数の比で求めなさい。

(2) グラフの(ア)の値を求めなさい。

(3) A管とB管の両方を使って,はじめから給水すると何分何秒で水そうは満水になりますか。 (神戸女学院中)

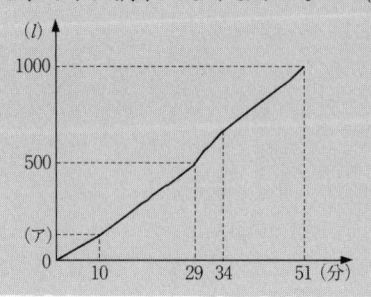

問題24 水の体積は？

HOW TO SOLVE?

　学校の東西を問わず，なぜか女子中学の算数の入試問題に水槽グラフを扱ったものが相当数出題されています。おまけにどの問題もかなりの論理的思考を必要としますから，油断はできません。
　この問題も関西の女子中学で出された問題ですが，簡単そうに見えてなかなか手ごわいようです。侮ってはいけません。まずはチャレンジしてみて下さい。

米山：うわ～，グラフは見た目は詳しそうだけど，よく見ると情報量が少ないですよね。どこから手を着けたらいいのかな。

塾長：論理的思考を試す最高峰の問題かも知れないね。これを小学生の女の子たちがスラスラ解く……。う～ん，想像を絶するな。

米山：同感です。

塾長：おいおい，男子たる米山クンも同じ感慨に浸っている場合じゃないでしょ。君の受ける学校で出題されないとも限らないからね。さあ，解いた解いた。

米山：う～，難しい。降参！

塾長のワンポイントアドバイス

　着眼点は前半と後半で500ℓずつ給水しているところでしょう。(1)でAとBの給水量の比を聞いていますので，同量給水するのにかかるA，Bの「時間」を探ります。

速攻術 By 塾長

(1) 500ℓを境に前後半に分けて考える。

29－10＝19（分）……前半B給水時間

34－29＝5（分）……後半A給水時間

51－29＝22（分）……後半B給水時間

```
     A      B
    10分,   19分 …500ℓ
     5分,   22分 …500ℓ     (－
差   5分,    3分  （消去算です）
```

よって、A5分とB3分の給水量が等しいことがわかる。

A×5＝B×3＝15（最小公倍数）

とすると、

1分当たりの給水量の比A：B＝③：⑤……答え

(2) 29分までのAとBの給水量の比

＝（③×10分）：（⑤×19分）

＝30：95

＝6：19

$(ア) = 500 \times \dfrac{6}{6+19} = 120(ℓ)$ ……答え

(3) 水槽全体は

（③×10＋⑤×19）×2＝250

と表せるから、

$250 \div (③+⑤) = 31\dfrac{1}{4}$（分）

＝31分15秒……答え

問題 24 水の体積は？

宿 題

円柱の形をした3つの空の容器があり，高さが低い順にA, B, Cとします。図のように，容器A, Bを容器Cの中に入れ，容器Cの端から一定の割合で水を入れたところ，54分で満水になりました。グラフは，水を入れ始めてからの時間と容器Cの底面から水面までの高さの関係を表したものです。それぞれの容器の厚みは考えず，容器A, Bは水を入れても動かないものとして，次の各問いに答えなさい。

(1) 容器A, B, Cの体積の比を最も簡単な整数の比で表しなさい。
(2) 容器A, B, Cの底面積の比を最も簡単な整数の比で表しなさい。

(日本大学中)

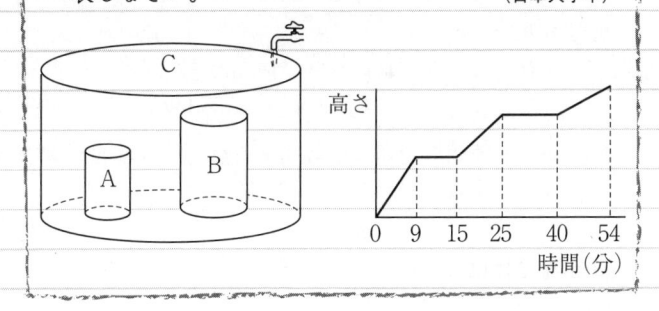

173

解説

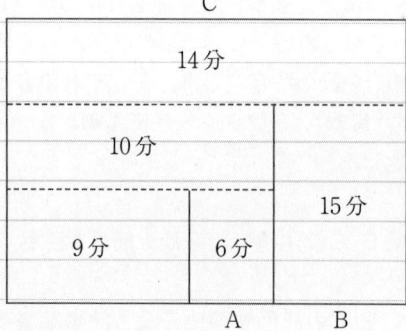

(1)　15−9=6(分)
　　25−15=10(分)
　　40−25=15(分)
　　54−40=14(分)

```
           ┌──────────────────────────┐
           │            C             │
           │          14分            │
           ├──────────────────────────┤
           │          10分            │
           │              ┌───────────┤
           │              │   15分    │
           │    9分       │   6分     │
           └──────────────┴───────────┘
                         A         B
```

体積比はそれぞれの容器を満たすのにかかった時間の比に等しい。

　体積比 A：B：C=6分：15分：54分
　　　　　　　　　=2：5：18……答え

(2) 底面積比=体積比÷高さの比で求める。

　高さの比 A：B=15分：25分
　　　　　　　　=3：5

　高さの比 B：C=40分：54分
　　　　　　　　=20：27

　連比 A ： B ： C
　　　 3   5
　　　　　 20   27
　　　───────────────
　　　12 ： 20 ： 27

底面積の比A：B：C
=(2÷12)：(5÷20)：(18÷27)
=2：3：8……答え

問題25　全体は不要

下の図のAを出発してA-D-Cと1秒間に0.5cm動く点Pがあります。斜線は周囲の辺とBPとで囲まれる部分の面積をあらわします。

(1) 斜線の部分の面積が台形ABCDの $\frac{1}{3}$ になるのは何秒後ですか。

(2) 斜線の部分の面積が台形ABCDの $\frac{2}{3}$ になるのは何秒後ですか。

(駿台学園中)

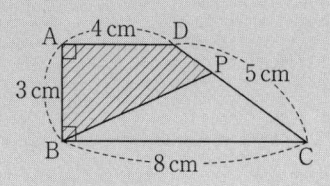

HOW TO SOLVE?

点Pが移動するに従い斜線部分の形が刻々変化していきます。台形の各頂点に到達した時間を境に面積の増減のしかたが変わります。「面積が全体の $\frac{1}{3}$ や $\frac{2}{3}$ になる」とあればつい台形の面積を具体的に求めたくなります。実際, 塾生のほとんどが台形の面積を求めてから取りかかってしまいます。

果たしてその解き方が最良なのでしょうか。ヒカルちゃんが作った答案で検討してみます。

塾長：時間と共に点Ｐがどう動くかを正確にとらえなさい。

光瑠：全体の面積を求めて，面積の割合をかけて……。

やっぱり，底辺の長さの逆算でしょうね。

塾長：それしか思いつかないなら仕方ないかも。

光瑠：やってみます。

光瑠ノート

$$(4+8) \times 3 \times \frac{1}{2} = 18 \,(\text{cm}^2) \quad \cdots\cdots 台形の面積$$

(1) $18 \times \frac{1}{3} = 6 \,(\text{cm}^2)$

$6 \times 2 \div 3 = 4 \,(\text{cm}) \quad \cdots\cdots ＡＰの長さ$

$4 \div 0.5 = 8 \,(秒) \quad \cdots\cdots 答え$

(2) $18 \times \frac{2}{3} = 12 \,(\text{cm}^2)$

$12 - 6 = 6 \,(\text{cm}^2) \quad \cdots\cdots △ＤＢＰの面積$

$18 - 6 = 12 \,(\text{cm}^2) \quad \cdots\cdots △ＤＢＣの面積$

$6 : 12 = 1 : 2$ より点Ｐは辺ＤＣの $\frac{1}{2}$ の位置。

$(4 + 5 \times \frac{1}{2}) \div 0.5 = 13 \,(秒) \quad \cdots\cdots 答え$

hikaru

塾長のワンポイントアドバイス

台形の面積を求め $\frac{1}{3}$ 倍や $\frac{2}{3}$ 倍をし，底辺を逆算するのはあまり得策ではありません。時間がかかります。そこで，台形の上底と下底の比に注目してみます。

4cm：8cm＝1：2

この比が実は面積の割合 $\frac{1}{3}$ や $\frac{2}{3}$ と密接な数であることを見抜けば瞬時にして解けてしまうのです。

速攻術 By 塾長

上底：下底＝4cm：8cm＝1：2

(1) 下図の面積比＝①：②

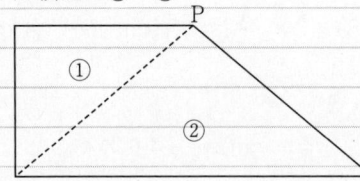

よって $\frac{1}{3}$ になるのは点PがDに来た時。

4÷0.5＝8（秒）……答え

(2)

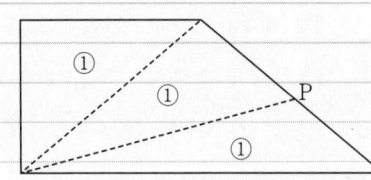

さらに点PがDCの中点に来た時面積は $\frac{2}{3}$ 。

よって，
$$(4＋5×\frac{1}{2})÷0.5＝13（秒）……答え$$

類題

図のように，AB＝10cm，BC＝24cmの長方形ABCDがあります。点PはAを出発し，辺AD上を毎秒3cmの速さでDに向かいます。また，これと同時に点QはCを出発し，辺CB上を毎秒4cmの速さでBに向かいます。このように点P，Qが動くとき，直線PQによって分けられた2つの図形を図のように①，②とします。

(1) 出発してから4秒後の①と②の面積の比を最も簡単な整数で表しなさい。

(2) ①と②の面積の比が2：3となるのは出発してから何秒後ですか。

(芝浦工業大学柏中)

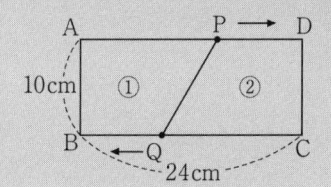

```
      A         P  →   D
      ┌─────────────────┐
10cm  │   ①    ／    ② │
      │       ／         │
      └─────────────────┘
      B  ← Q           C
         ─── 24cm ───
```

塾長のワンポイントアドバイス

やはり長方形の面積を具体的に出して面積比で配分して解くのは早計です。

①と②の図形はP，Q出発後台形になります。上底と下底の長さの和だけで処理しましょう。

速攻術 By 塾長

(1) 4秒後のAPとCQの長さはそれぞれ,

AP = 3 × 4
　 = 12 (cm)

CQ = 4 × 4
　 = 16 (cm)

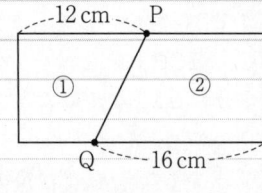

上下底の和の比①:②
= (12+24−16):(16+24−12)
= 20:28
= 5:7 ……面積比と同じ……答え

(2) 出発時のP, Qの位置は右図。

①②図とも24cmの底辺を持つ。

①図で考えると, 直後台形になり, 上底はPの速さ毎秒3cm増加, 下底はQの速さ毎秒4cm減少。

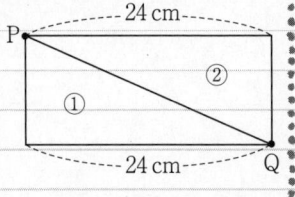

差し引き毎秒4−3=1(cm)の減少。

一方, 面積比①:②=2:3となるとき,

①の上下底の和

$= (24+24) \times \dfrac{2}{2+3}$

$= 19.2$ (cm)

その長さまで減少する時間
= (24−19.2) ÷ 1 = 4.8 (秒) ……答え

問題 25 全体は不要

宿題

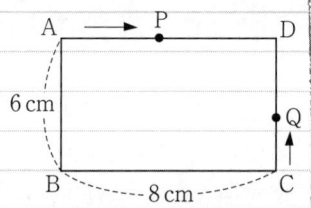

図の長方形ABCDの辺の上を2点P, Qが同時に出発して、Pは点Aから毎秒5cmで時計回りに、Qは点Cから毎秒3cmで反時計回りに止まることなく動きます。

(1) PとQが最初に重なるのは出発してから何秒後ですか。

(2) PとQを結ぶ直線が長方形の面積を最初に二等分するのは出発してから何秒後ですか。ただし出発時は除きます。

(大妻中)

解説

(1) 出発時PとQは6cm+8cm離れています。
ここは単純な出会い算です。
$$(6+5) \div (5+3) = 1\frac{3}{4} \text{（秒後）} \cdots\cdots \text{答え}$$

(2) 再び14cm離れたとき、PとQを結ぶ線は長方形ABCDの面積を2等分します。
$$1\frac{3}{4} \times 2 = 3\frac{1}{2} \text{（秒後）} \cdots\cdots \text{答え}$$

(参考)

直線 ℓ が長方形を2等分している図です。PとQが ℓ 上にありますが、長方形の周を2等分しているのがわかります。

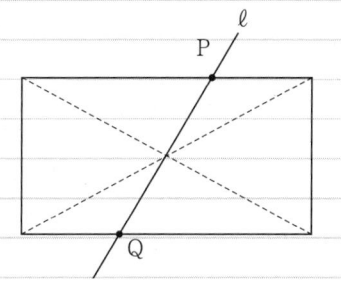

問題26 言外の数字

池のまわりを1周する遊歩道があり，A, Bの2人がそれぞれ一定の速さで歩きます。スタート地点から2人が同時に出発し，逆向きに池のまわりを歩くと，6分後に2人は初めてすれちがいます。また，スタート地点から2人が同時に出発し，同じ向きに池のまわりを歩くと，Aがちょうど4周し終わったときに初めてBを追いこします。Aは池のまわりを1周するのに□分かかります。(灘中)

HOW TO SOLVE?

文章だけの速さの問題，特に旅人算は複数の対象が動く状況を具体的にイメージしながら，線分図やグラフに置き換えて解くのが早道です。しかし池の周りを2者が回る問題は数多く出題されていますが，グラフに表しにくい一面もあります。敢えてAがBに追いつく様子をグラフ化すれば下のようになるでしょう。

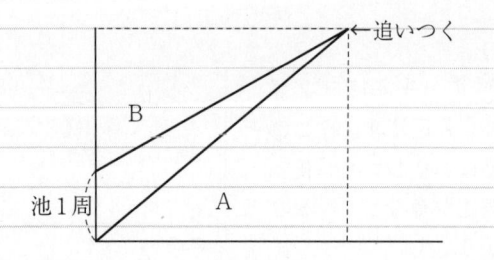

スタート時，AとBは横並びで同じ位置にいますが，もうすでにBはAより池1周分前方にいて，それを追いかけると考えればいいのです。
　さて，灘中のこの難問は「言外の数字」を読み取るセンスが要求される問題です。「Aがちょうど4周し終わったときに初めてBを追いこします」この一節から，瞬時にBは何周したかを読み取るセンスです。

塾長：Aが4周したとき，Bが何周しているかがカギだね。
米山：それなら簡単ですよ。周回遅れってやつです。
　　　　$4-1=3$
　　　　3周しています。違いますか？
塾長：その通り！
米山：あとは池の周りをどう扱うかでしょうね。とりあえず1とおいて解いてみましょう。

米山ノート

池1周を1として，

$$1 \div 6 = \frac{1}{6}（周/分）\cdots\cdots AとBの分速の和$$

　速さの比A：B
$=4周：(4周-1周)$
$=④：③$

$$\frac{1}{6}$$

　　　　④　　　　　　　③
　　　　A　　　　　　　B

$$Aの分速 = \frac{1}{6} \times \frac{④}{④+③} = \frac{2}{21}(周/分)$$
$$1 \div \frac{2}{21} = 10.5(分) \cdots\cdots 答え$$

YONEYAMA

塾長：2人の分速の和からAの分速を比例配分で求めた式だね。イイ線いってる答案だ。

米山：けっこう使う手だと思いますが。

塾長：まあ灘の問題数はこってり多いから受験生は時間を余りかけられないね。素早い処理能力が要求されるよね。

米山：解ってます。

塾長：出会う6分を直接活かして答えをダイレクトに出す方法！　思い付いたよ。

米山：はあ？　そんな手あるんですか？

塾長：あるよ！

速攻術 By 塾長

$$6 \times \frac{④+③}{④} = 10.5(分) \cdots\cdots 答え$$

米山：これは、また簡素な解き方で……。

塾長：かかる時間と道のりは正比例するから。

米山：出会うまでの④の道のりをAは6分で進み……。

塾長：そう、道のり全体は米山クンが線分図に表した⑦。

問題26　言外の数字

米山：4分の7倍すればいいのか。1周にかかる時間があっ
　　　というまだ。わあ，これはいい手だ！　参りました。
塾長：灘の問題って，表向き難しそうに見えて，この通り
　　　瞬時に解けるものが結構あるんだ。

類題

　ある池の周りをA君とB君は同じ方向に，C君は逆方向に，それぞれ一定の速さで回ります。A君はB君を15分ごとに追いこし，B君はC君と2分ごとに出会います。B君が7分かかって走る距離をC君は8分で走ります。このとき，A君とC君の速さの比を求めなさい。
(麻布中)

HOW TO SOLVE?

やはり池の周りを回る問題ですが，今度はＡＢＣの3者が複雑に絡んだ旅人算です。やはり具体的な1周の道のりはありません。適当な値を自分で決めて解き進む必要があります。

さて旅人算の基礎的な公式を掲げておきます。比で答える問題であっても公式に基づいて答えを導き出すことになります。

2者が反対方向に進む場合，
　　出会うまでの時間＝道のり÷（2者の速さの和）

2者が同じ方向に進む場合，
　　追いつくまでの時間＝道のり÷（2者の速さの差）

185

最終的に速さの比を答える問題ですが、簡約された最小の整数比で答えるのがルールです。したがって解法のプロセスもなるべく整数比で進めて、計算ミスのリスクを低減する方が賢明です。以下のように解き進めるといいでしょう。

速攻術 By 塾長

池1周を、15分と2分の最小公倍数30とする。

30÷15＝2……AとBの分速の差

30÷2＝15……BとCの分速の和

時間比B：C＝7：8

より、逆比で

速さの比B：C＝⑧：⑦

Cの速さの比＝15×$\frac{⑦}{⑧+⑦}$＝7

Bの速さの比＝15－7＝8

Aの速さの比＝8＋2＝10

A：C＝10：7……答え

注意すべき点は「A君はB君を15分ごとに追いこし」というくだりからA君はB君より速いことが判ります。ですから、

A君の速さの比＝8＋2＝10

とB君の速さに差の2を加えれば求められます。

宿題

1周2.4kmの池のまわりを，A君とB君はP地点から反対方向に同時に歩き始めました。A君はB君と30分後に出会い，その後25分でP地点にもどりました。B君はA君と出会ってから□分後にP地点にもどりました。

(芝中)

解説

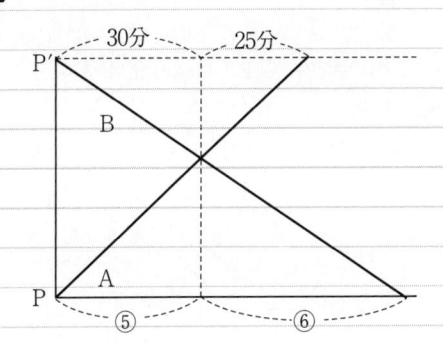

同じ道のりでの時間の比

　　A：B＝25分：30分＝⑤：⑥

グラフよりB君はA君と出会った後，⑥の時間でPに戻るから，

$$30 \times \frac{⑥}{⑤} = 36 (分) \cdots\cdots 答え$$

問題27 抽象的難解問題

川の流れの速さが時速3kmである川の川上にA地,川下にB地があります。船XはA地からB地へ向かい,船YはB地からA地へ向かい同時に出発しました。船XはB地に着いてすぐA地に向かったところ,船Xと船Yは同時にA地に着きました。グラフは,そのときの様子を表したものです。

(1) 船Xと船Yが最初に出会うのは,出発してから何時間何分後ですか。

(2) A地とB地の間の距離は何kmですか。(田園調布学園中等部)

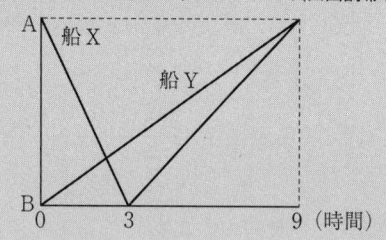

```
A ┌─船X──────────────┐
  │ \        船Y   ╱│
  │   \          ╱  │
  │     \      ╱    │
  │       \  ╱      │
  │        ╳        │
  │      ╱   \      │
  │    ╱       \    │
  B ─0─────3───────9─ (時間)
```

HOW TO SOLVE?

流水算とは,船が川を上り下りする様子を問題にしたものです。

静水での船が進む速さ＝船速と,川の流れの速さ＝流速で上り下りする速さが決まります。

188

下りの速さ＝船速＋流速
上りの速さ＝船速－流速

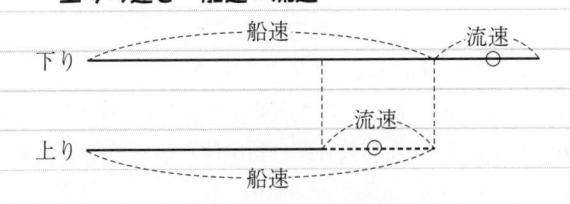

```
         ------船速------            流速
下り ─────────────────────────────────○

                         流速
上り ─────○─────────────────────────────
         ------船速------
```

ここで，しっかりと押さえておかなければならない基本は，

下りと上りの速さの差＝流速×2

この基本が忘れ去られると，誤答に結びついてしまう可能性も出てきます。気を付けたい重要事項です。

さて，例題では初めに道のりが与えられていませんから，かなり難解な問題といえます。比を用いて解いていくのですが，ちょっとしたテクニックが必要です。受験生にとってはイメージしにくい世界なので，なおさら難解になるかもしれません。

塾長：日本の川は滝のように速く流れている，と言った人がいたけど，船がゆったりと上り下りする情景など日本ではあまり見られないかもしれないね。

米山：隅田川の屋形船や水上バスはどうでしょう。風情があっていいですよね。外国なら揚子江，ミシシッピ川。雄大な景色が広がるのでしょうね。ミシシッピ川の汽船は写真で見たことがありますけど。合格が決まったら先生，連れていってください。

塾長：さて，例題の川，時速3kmで流れていますね。人の歩く速さくらいかな。速さに関する具体的な数字は

この数字だけ。

米山：先生，話題を逸らしましたね。まっいいか。ＡＢ間の道のりを求める設問になっているので，なかなかの難問ですよね。

塾長：米山クン，君ならどう展開する？

米山：んー。とりあえず出会い算に持ち込みましょうか。

米山ノート

(1) 片道を1として，

$$船Xの時速 = 1 \div 3 = \frac{1}{3}$$

$$船Yの時速 = 1 \div 9 = \frac{1}{9}$$

と表す。

出会うまでの時間

$$= 1 \div \left(\frac{1}{3} + \frac{1}{9} \right) = 2\frac{1}{4} \text{ (時間)}$$

……2時間15分……答え

YONEYAMA

米山：こんな感じでどうですか？ (2)はかなりキツイ問題ですね。具体的な船ＸとＹの時速が求まればいいわけですよね。

塾長：(1)は正攻法で正解。でも比を使ったこんな解法も面白いと思うよ。(2)はあっさりギブアップかい？

問題 27 抽象的難解問題

速攻術 By 塾長

(1)片道の船X, Yの時間の比
　　＝3時間：9時間
　　＝①：③

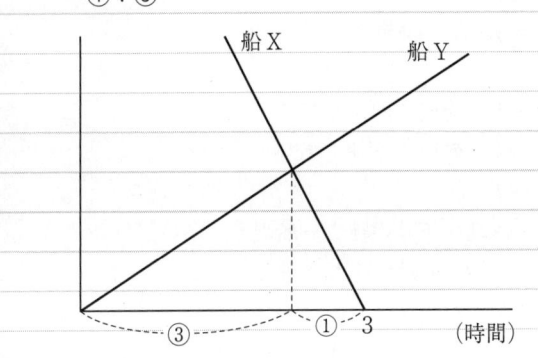

```
         船X        船Y
           \\       /
            \\     /
             \\   /
              \\ /
               ×
              / \\
             /   \\
            /     \\
           /       \\
          ─── ③ ───┼─①─3  (時間)
```

出会う時間 $= 3 \times \dfrac{③}{③+①} = 2\dfrac{1}{4}$ （時間）……答え

米山：おー, なるほど。美しい！

塾長：道の時間比①：③は同じ道のりならどこでも使える。両船が出会うまでに進んだYの道のりと出会った後のXの道のりが等しいからここに③：①を転用して, 3時間を比例配分する解法。

米山：本番では時間短縮に活躍しそうな解法ですね。

塾長：まあ普段の演習でも大いに使って慣れておくことだね。流水算に限らず, 普通の旅人算にも使えるから。さて, (2)は次のように解けばいいんじゃないかな。

速攻術 By 塾長

(2)船Ｘの下りと上りに注目する。

  時間比　下り：上り

 ＝3時間：(9−3)時間

 ＝3時間：6時間

 ＝1：2

よって，逆比を利用して

 速さの比　下り：上り

 ＝②：①

  流速＝下りの速さ−船速

   ＝船速−上りの速さ

より

 比の差②−①＝①

は流速の2倍に当たるから，

 3×②＝6(km／時)

 下りの速さ＝6×②＝12(km／時)

 ＡＢの道のり＝12×3＝36(km)……答え

類題

A，B，C3人がボートで長さ20kmの川をこぎ下るのに，Aは6時間，Bは7時間かかった。いま静水で3人がこぐ速さの比は5：4：3であるという。Cならこぎ下るのに何時間かかりますか。 (灘中)

問題 27 抽象的難解問題

HOW TO SOLVE?

算数の良問とは，文章がシンプルで必要最低限の情報からいかに糸口を見出すかを考えさせる問題かもしれません。

この問題では流水算の知識のみならず，速さの考え方全般を熟知していなければどこから手を着けていいのか判らないでしょう。大人でも唸ってしまう難問です。こぎ下るときの時速を求めてもいいのですが，計算を複雑にしてしまいます。あえて長さ20kmは使わず簡素に解きたいところです。必要なポイントは以下の通り。

①安易に時速を計算しない。さらに計算を複雑化させます
②同じ道のりを進むとき，時間の比と速さの比は逆比
③川を下る速さ＝船速＋流速

速攻術 By 塾長

時間の比　A：B＝6：7
速さの比　A：B＝7：6（逆比）
　　　　　A：B：C
速さの比　7：6：□
船速　　　5：4：3　（－
流速　　　2：2：2
Cの速さの比□＝2＋3＝5
Bの速さ，時間から道のりを求め，Cの速さで割る。
6×7÷5＝8.4（時間）……答え

速さの比A：Bの7−6＝1，船速A：Bの5−4＝1，と等しいところが着眼点です。つまり比の差が同数にそろっていますのでそのまま引き算できるわけです。

宿 題

毎分60mの速さで流れている川の上流と下流2地点の間を，太郎君はモーターボートで往復しました。行きは2時間26分，帰りは3時間14分かかりました。このモーターボートの静水での速さは，毎分何mですか。

(成蹊中)

解説

時間の比

$$下り：上り＝(60×2+26)：(60×3+14)$$
$$＝146分：194分$$
$$＝73：97$$

速さの比

$$下り：上り＝㊾：㊸（逆比）$$

・下り ㊾
・上り ㊸
・60 m/分
・差　流速×2　㉔

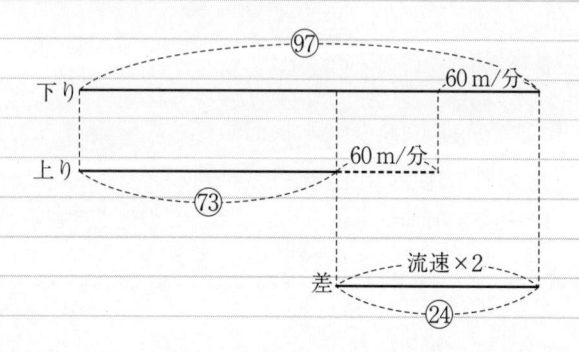

流速の比 = (㉗ − ㉘) ÷ 2
　　　　= ⑫　　　　……流速60m/分に相当
船速の比 = (㉗ + ㉘) ÷ 2 = ㉝

$60 \times \dfrac{㉝}{⑫} = 425$ (m/分)……答え

問題28 条件が足りない！

鉛筆3本とノート7冊を買うと828円で，鉛筆2本とノート3冊を買うと377円でした。鉛筆1本とノート2冊を買うと，合計の値段はいくらになりますか。

（多摩大学附属聖ヶ丘中）

HOW TO SOLVE?

受験算数の問題の一番適切な解き方を知っているのはその問題を作った人なのかもしれません。よく考え練られた問題は，表向きの難しさとは裏腹に，意外とアッサリ正解が導けることもあります。

問題と向き合ってみて，出題者が発するメッセージ「こんな風に解いてほしい」を考えるのも楽しいことです。試験場では悠長に楽しんでもいられませんが，読者の皆さんは試験場にいるわけではありませんから，じっくり向き合い正解する喜びを味わって頂きたいものです。

塾長：消去算の典型的な問題。ここはヒカルちゃんに解いてもらうよ。

光瑠：まかせて下さい。消去算は徹底的に練習しました。

塾長：これは一般に「加減法」で消去するタイプの問題だね。ヒカルちゃんはいつもどう解いている？

光瑠：やっぱりどちらかを最小公倍数で同数にそろえて消

去するのが一般的です。とりあえずそれで解いてみます。

光瑠ノート

鉛筆	ノート	合計
3	7	828円…①
2	3	377円…②

鉛筆の数を最小公倍数にそろえ,

6	14	1656円…①×2
6	9	1131円…②×3 (−
0	5	525円

525÷5＝105(円)……ノート1冊の値段
①に代入して
(377−105×3)÷2＝31(円)
　　　　　　　……鉛筆1本の値段
31＋105×2＝241(円)……答え

hikaru

塾長：とてもオーソドックスな解き方だね。とりあえず正解。
光瑠：とりあえずですか……。
塾長：うーん。出題者の狙いを見抜けなかったのが残念だな。なぜ「鉛筆1本とノート2冊」の組で値段を求めさせているんだろう？　何か意図を感じないかい？
光瑠：なんだろう？
塾長：模範解答はこうだよ。

速攻術 By 塾長

	鉛筆	ノート	合計
	3	7	828 円
(+)	2	3	377 円
	5	10	1205 円

1205÷5＝241（円）……答え

光瑠：わお，塾長ステキ！！ 加えるのですね！

塾長：「加減法」の名前の通り，引いて消すだけじゃなく，加えることで合計を一発で求めるスーパーテクニック。

光瑠：最初から鉛筆1本とノート2冊の「1：2」に注目していたんですね。足すと5：10＝1：2……。

塾長：その通り。おそらく，出題者もそれを狙って作問したと思う。受験生に向かって「こう解いて」って叫んでいるのが聞こえてきそう。ただし，いつもこんな手が使えるとは限らないけど，まあ常にアンテナを張っているのが大切だと思うよ。

類題

A，B，C3種類のコインがあり，A6枚，B1枚，C1枚の重さと，A1枚，B4枚，C1枚の重さと，A1枚，B1枚，C3枚の重さはいずれも61gである。C1枚の重さは□gである。

(灘中)

問題28 条件が足りない！

HOW TO SOLVE?

まず，条件を書き出して並べてみましょう。題意を整理して作戦を練るために必要不可欠な作業です。

A	B	C
6	1	1 …61g
1	4	1 …61g
1	1	3 …61g

問題文だけを眺めていてもなかなかいいアイデアは浮かびません。こうして要点を書き出すことで何かが見えてくるはずです。

一般に「加減法」では，条件を整数倍して最小公倍数で数をそろえて消去するのが早道ですが，未知数3個の場合かなりそろえにくくなります。そこで，出題者はおそらくこんな解き方を受験生に期待していたのではないでしょうか。

速攻術 By 塾長

どの条件にもA, B, C各1枚が含まれるので，各条件からA, B, C各1枚ずつ取り除くと，

A…6−1＝5(枚)
B…4−1＝3(枚)
C…3−1＝2(枚)

の重さがすべて等しいことがわかる。

A×5＝B×3＝C×2
＝30(5, 3, 2の最小公倍数)

199

とおいて逆算すると，1枚あたりの重さの比は，
A：B：C＝6：10：15
3番目の条件で比例配分してCを求める。

$$C = 61 \times \frac{15}{6+10+15 \times 3} = 15 (g) \cdots\cdots 答え$$

すっきり解けました。日本で一番難しいと言われる名門中学の入試問題です。洗練された問題から，作る先生のセンスが伝わってくるようです。

類題

ある果物屋で，みかん1つ，りんご2つ，なし3つを買うと合計の値段は660円で，みかん3つ，りんご2つ，なし1つを買うと合計の値段は540円でした。みかん2つ，りんご1つを買うと合計の値段は□円です。　　　　(芝中)

HOW TO SOLVE?

今度も3種の未知数です。条件を書き出して「消し方」を考えましょう。おや？ 条件が2つだけしかありません。いわゆる「不定」です。いつもの調子で果物個別の値段を求めようと最小公倍数を考え始めるとループにはまってしまいます。まさに受験生泣かせの問題と言えるでしょう。

みかん	りんご	なし		
1	2	3	660円	…①
3	2	1	540円	…②

問題28　条件が足りない！

この条件をどう作り変えて「みかん2つ、りんご1つ」だけの合計の値段にたどり着くかです。まさに消去算の盲点を突いたトリッキーな問題です。素早く試行錯誤を重ねて、要求の組み合わせを作ります。

速攻術 By 塾長

みかん	りんご	なし	
1	2	3	660円…①
3	2	1	540円…②（+
4	4	4	1200円…③

この条件を4で割る。

| 1 | 1 | 1 | 300円…④ |

②-④で残せます！

3	2	1	540円…②
1	1	1	300円…④（-
2	1		240円……答え

宿題

アンパン、ピザパン、チョコパンがあります。アンパン2個とピザパン1個の合計の値段は321円、ピザパン2個とチョコパン1個の合計の値段は473円、アンパン2個とチョコパン1個の合計の値段は203円です。アンパン、ピザパン、チョコパンの中で、1個当たりの値段が一番高いパンの値段を答えなさい。(函館ラ・サール中)

🍩解説

アンパン	ピザパン	チョコパン	
2	1		321円…①
	2	1	473円…②
2		1	203円…③

①③を比較すると，チョコパンよりピザパンが高く，②③を比較すると，アンパンよりピザパンが高い。よって，ピザパンの値段が一番高いとわかる。

ピザパンだけを求めるための消去法を考える。

①+②-③で消去するとピザパン1+2=3個が残せる。

(321+473-203)÷(1+2)=197(円) ……答え

問題29 自分が回ってどうするの？

固定された円Aと，円Aの外側をすべらないように自分自身も回転しながら一周する円Bと，円Aの内側をすべらないように自分自身も回転しながら一周する円Cがあります。円Bと円Cの半径は等しいものとします。円Cがちょうど自分自身が3回転して，円Aの内側を一周するとき，円Bは自分自身が何回転して，円Aの外側を一周しますか。

(大妻中野中)

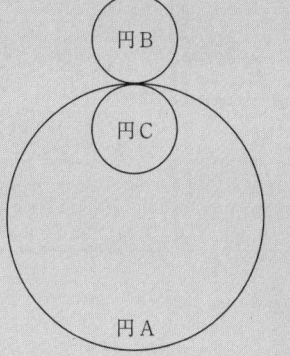

HOW TO SOLVE?

転がる円の回転数を考える問題です。円の内外を小さな円がすべらず転がるのですが，なかなか想像するのが難しく，答えにくい問題ではないでしょうか。そう単純ではなさそうです。米山クンもかなり悩んでいるようです。

円Cが3回転するんですよね
B
C
行ってくるよ
それなら，円Bも同じ大きさだし，
円Aの周りだから3回転しそうな感じがします
ほとんどの塾生は
そう答えてしまうん
だよね
じゃ，違うのかぁ
いっそ作図して調べた方が
速いかも
先生，何かいい方法を
教えて下さい！
それでは，同じ大きさの円どうしで
外回りがいいね
ハイ
円がスタートの位置から転がり始めて，
もとの位置に戻るまで↓がどうなるか
作図して調べてみよう

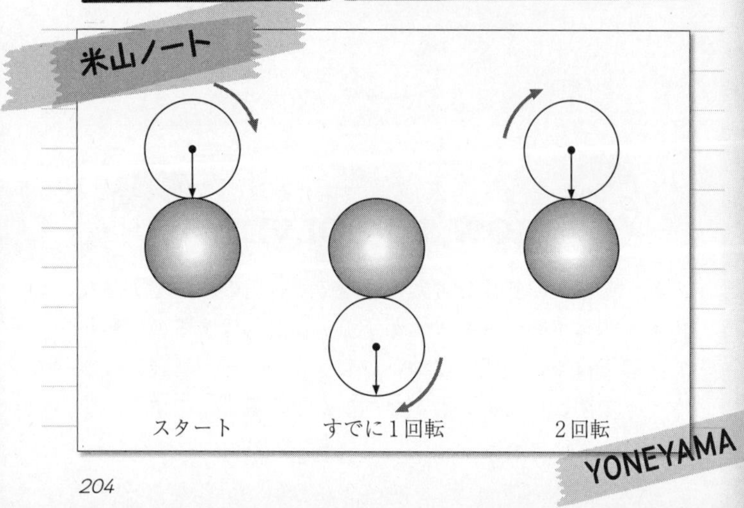
米山ノート
スタート
すでに１回転
２回転
YONEYAMA

塾長：何回転している？ ↓の位置を追いかけてみて。

米山：図にするとはっきりしました。半周したところですでに1回転。1周で2回転しています。

塾長：円周は同じ長さだから直感的に1回転と考えてしまうけど、そうじゃなかったみたいだね。

米山：円の周りだと天地が一回ひっくり返って、1+1と考えていいでしょうか？ つまり公転みたいに考えて。

塾長：そう考えてもいいけど、複雑な図形の場合では答えが出しにくいこともある。実は転がる円の中心が動いた距離と関係しているんだよ。

米山：中心……，動いた距離……？

塾長のワンポイントアドバイス

①直線上を回転する場合

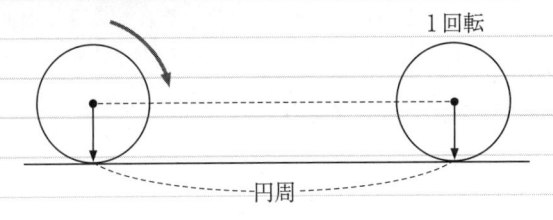

円の中心は円周分進んで1回転だけしています。

②同じ大きさの円の周囲を回る場合

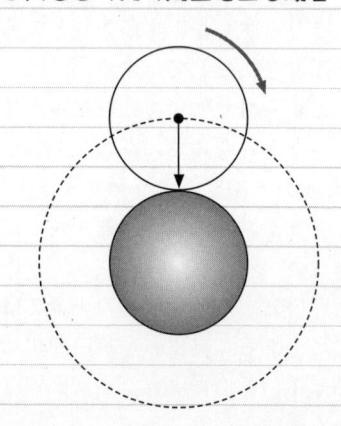

　点線の円の直径は転がる円の直径の2倍だから，円周も2倍。

　　　2÷1＝2（回転）

米山：そうか，2回転していますね。それならば，内側を回るときは中心の動く円周は小さくなるから，回転数も少なくなるのかな？

塾長：そうそう。その通り。いいところに気付いたね。

米山：しかし難しいですね。

塾長：なかなか理解しにくい考え方だよね。ていねいに図解しないと納得してもらえないみたいだ。

　　　じゃ，例題を速攻で解く技術をまとめるよ。

速攻術 By 塾長

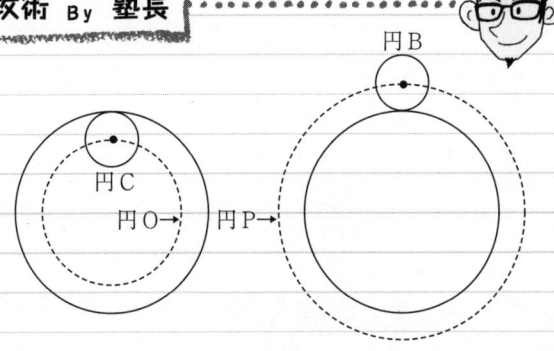

円Cの中心が通った円をO，円Bの中心が通った円をPとする。

円Cは3回転したので，

　　円Cの直径：円Oの直径＝1：3

　　円Cの直径：円Aの直径＝1：(1+3)＝1：4

さらに，

　　円Aの直径：円Pの直径＝4：(4+1)＝4：5

つまり，円Pの円周は円Bの円周の5倍

　　5÷1＝5(回転)……答え

類題

図のような，半円を3つ組み合わせた図形があります。この斜線部分の図形のまわりを半径1cmの円Oがすべらないように転がって1周します。円Oはこの図形を1周する間に何回転しますか。

(世田谷学園中改題)

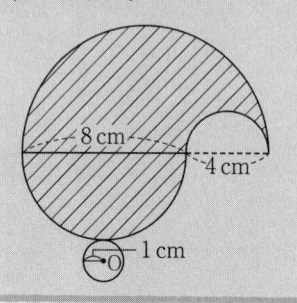

HOW TO SOLVE?

でこぼこした図形ですが，やはり円Oの中心が移動する距離でその回転数を考えます。斜線部分の周囲は，一番大きな半円の直径が

$$8+4=12 \text{(cm)}$$

より，

$$(8+4+12) \times 3.14 \times \frac{1}{2} = 12 \times 3.14$$

と，結局直径12cmの円の円周と全く同じ長さになります。

したがって，次の図のような円の周りを転がっても同じ回転数になります。

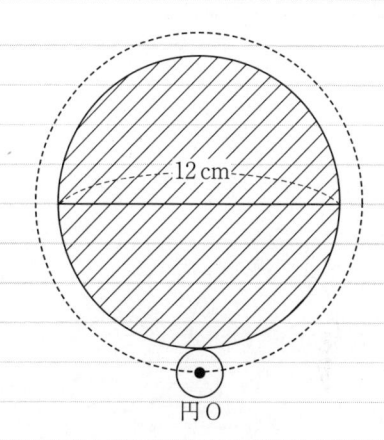

問題29 自分が回ってどうするの?

円O

速攻術 By 塾長

斜線部周囲の長さ

$$= (8+4+12) \times 3.14 \times \frac{1}{2}$$

$$= 12 \times 3.14$$

より

円Oの中心が通過する円(点線)の直径は,

　　12+2=14(cm)

円Oの直径は2cm

よって, 円は斜線部周囲で, 14÷2=7回転する。

　　……答え

209

宿題

図のように円周を半分に切ってくっつけたような図形があります。この図形の周りを半径1cmの円がすべることなく転がって1周します。1周すると，円は何回転しますか。
(南山中学女子部改題)

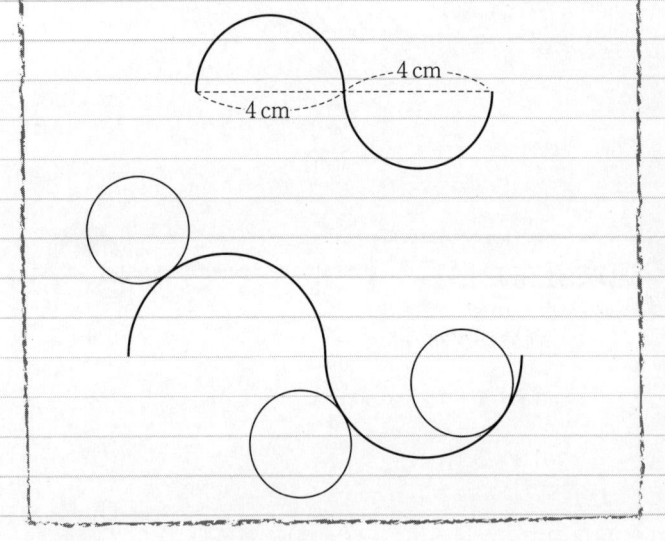

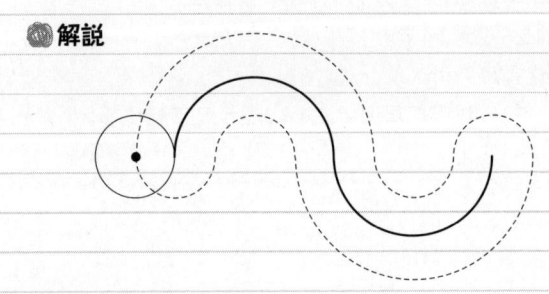

解説

問題29 自分が回ってどうするの？

　図のように円は転がります。点線が円の中心が通った跡です。

　　　　大きい半円の直径＝4＋2＝6(cm)
　　　　小さい半円の直径＝4－2＝2(cm)

より，大きい半円×2個で直径6cmの円1個分，小さい半円×4個で直径2cmの円2個分動きます。

　　(6＋2×2)÷2＝5(回転)……答え

問題30 同い年の親子？

現在，A君と父親の年齢の比は2:7ですが，18年後には父の年齢はA君の2倍になります。現在のA君の年齢はいくつですか。

(明治大学付属中野中)

HOW TO SOLVE?

どこから手を付けたらいいのか迷うような問題ですね。何に着眼してどう解くか。気が付きましたか？ ここに，ある揺るぎない事実が潜んでいます。父と子の「年齢差はずっと不変」ということです。いつの間にか親子が同い年になっていた，なんてことは起こり得ません(笑)。この事実をどう数値化して処理するかがカギとなります。

ところで米山クン，ちょっとユニークな発想をしました。

米山：お父さんの年齢が現在7の倍数だから大体の見当を付けて調べていきたいと思います。

塾長：？？？

米山：21歳は若過ぎるし，父28歳，子8歳だと……20歳の時の子か……。それも無理がある。

塾長：おいおい。

米山：ああ，差が7－2＝5の比だから，見当で6×5＝30歳くらいの時生まれたとするのが常識的。

問題30 同い年の親子?

米山ノート

現在の父　6×7＝42（歳）
現在の子　6×2＝12（歳）
として，
(42＋18)：(12＋18)＝60：30＝2：1
よって，A君は12歳……答え

YONEYAMA

塾長のワンポイントアドバイス

　米山クン，どちらかというと「ちからずく」で正解を出しました。発想はそれなりに面白いのですが，いつも使えるとは限らず，感心しません。

　冒頭でも触れたように，父と子の「年齢差はずっと不変」に着眼します。「2倍になる」は1：2の比に置き換えます。

　現在の年齢の比2：7の差，

7－2＝5

と，18年後の年齢の比1：2の差，

2－1＝1

は，同じ年数を表しています。しかし，比が簡約されていますので数が異なるのです。そこで，これらを同数にそろえます。最小公倍数が最適でしょう。

キャホー! 大成功～!
21じゃね～
そんなのマグレでしょ!
でも発想はおもしろいな
ヤマカンでも正解ならOK
ということでっ! ねっ?
ただし そういうのヤマカンというんだけどね…
…
でもなぁ，年齢の問題ならともかく
金額とかなら，数が大きくなるから
そうはいかないか……
地道がアダに…
ウ～ン
塾長 10000 対 米山 小遣い 10年後?
うん
そうだよ。やっぱり差が一定に注目して
算数らしく解いていかなくちゃ
先生ならどう解くんですか?
うむ
「2倍となる」を
「1：2」と比に
置き換えて処理するね

速攻術 By 塾長

> 比を調整して差を最小公倍数⑤にそろえる

```
         A 父 差    A  父  差
現在     2 : 7 : 5 = ② : ⑦ : ⑤ …そのまま
18年後   1 : 2 : 1 = ⑤ : ⑩ : ⑤ …各項5倍
```

A君と父の比の変化を見ると，

⑤－②＝⑩－⑦＝③

ずつ増えていてこれが経過する18年に相当する。
現在A君の年齢の比は②だから，

$$18 \times \frac{②}{③} = 12 (歳) \cdots\cdots 答え$$

米山：ははー，先生，それウマ過ぎ。
塾長：いやあ。これは絶対お役立ち情報。試験場で大活躍！
米山：合格まちがいなし。
塾長：がんばってくれよ，米山クン。
米山：僕，先生のところで学べて幸せです！
塾長：またまたぁ。お世辞を言っても何も出ないよ（笑）。

類題

あめの入った箱が2箱あります。まず，両方の箱に20個ずつあめを加えたら，箱の中のあめの個数の比は5：3になりました。続けて，両方の箱に50個ずつあめを加えたら，箱の中のあめの個数の比は10：7になりました。次の問いに答えなさい。

- ① はじめに入っていたあめの数は、それぞれ何個でしたか。
- ② その後さらに、両方の箱に同じ個数ずつあめを加えて、箱の中のあめの個数の比を5：4にするには、何個ずつ加えればよいでしょうか。

(立教新座中)

速攻術 By 塾長

① それぞれの箱をA，Bとする。比を調整して差を最小公倍数にそろえる。

```
          A  B  差    A    B   差
20個     5 : 3 : 2 = ⑮ : ⑨ : ⑥ …各項3倍
50個    10 : 7 : 3 = ⑳ : ⑭ : ⑥ …各項2倍
```

⑳ − ⑮ = ⑭ − ⑨ = ⑤ が加えた50個に相当。

$$A \quad 50 \times \frac{⑮}{⑤} - 20 = 130 (個)$$

$$B \quad 50 \times \frac{⑨}{⑤} - 20 = 70 (個) \cdots\cdots 答え$$

②

```
           A  B  差    A    B   差
初め     13 : 7 : 6 = ⑬ : ⑦ : ⑥ …そのまま
最終      5 : 4 : 1 = ㉚ : ㉔ : ⑥ …各項6倍
```

最終的に $130 \times \dfrac{㉚ - ⑬}{⑬} = 170 (個)$ 増えているから、

$170 - 20 - 50 = 100 (個ずつ) \cdots\cdots 答え$

宿題

ある会社の男性社員と女性社員の人数の比は15：13でしたが、新入社員が男女とも6人ずつ入ってきたので、現在の男性社員と女性社員の人数の比は8：7になりました。この会社の現在の社員数は全部で□人です。

(専修大学松戸中)

解説

比を調整して差を最小公倍数にそろえる。

　　過去　15：13：2 = ⑮：⑬：② …そのまま
　　現在　 8： 7：1 = ⑯：⑭：② …各項2倍

⑯ − ⑮ = ⑭ − ⑬ = ①

それぞれ増加。これが6人に相当する。

$$6 \times \frac{⑯ + ⑭}{①} = 180(人) \cdots\cdots 答え$$

column

たかが計算，されど計算

　実際の入試で計算問題に手を付けない受験生はいないと思います。誰もが手を付けるのですが，計算ミスは命取りになります。

　計算問題をつぶさに見ていくと，出題者の意図がよく解ります。根性で解くような問題はそんなに多く出題されません。

「さあ，君はここで計算の工夫を見抜けるかな～？」という，出題者からのメッセージを冷静に嗅ぎ分ける力が必要なのです。

計算力をアップさせよう！

特別課題 1

次の問題を，なるべく計算量を少なくして解きなさい。

57×0.375−38×0.25−19×0.5

(跡見学園中)

かけ算をまともに計算すれば大変な量になります。そこで出題者からのメッセージを冷静に見抜きます。

ここは分配法則の活用です。

57, 38が19の倍数であることに気付けば格段に速くなります。

また，

$0.375 = \dfrac{3}{8}$, $0.25 = \dfrac{1}{4} = \dfrac{2}{8}$, $0.5 = \dfrac{1}{2} = \dfrac{4}{8}$

のように，素早く分数化すれば筆算もほとんど不要。

与式

$= 19 \times 3 \times \dfrac{3}{8} - 19 \times 2 \times \dfrac{2}{8} - 19 \times \dfrac{4}{8}$

$= 19 \times \left(\dfrac{9}{8} - \dfrac{4}{8} - \dfrac{4}{8} \right)$

$= \dfrac{19}{8} = 2\dfrac{3}{8}$ ……答え

特別課題 2

次の問題を，なるべく計算量を少なくして解きなさい。

縮尺 $\dfrac{1}{25000}$ の地図で，たて1cm5mm，横2cm4mmの長方形の土地の実際の面積は何km^{2}ですか。

(淑徳与野中)

実際の長さに戻す式と，単位の換算式を一気に分数形式にまとめて，約分を活用します。

計算ミスを回避するためあえて地図上での長さの単位をmmにそろえます。

分母の10×100×1000は順に cm→m→km に換算する割り算です。

たてとよこそれぞれに対応させるため，10×100×1000の組が2組入っていることに注意。あとは丁寧に約分します。

$$\dfrac{15 \times 24 \times 25000 \times 25000}{10 \times 100 \times 1000 \times 10 \times 100 \times 1000} = \dfrac{9}{40} \, (\text{km}^2) \quad \cdots\cdots 答え$$

特別課題 3

次の問題を，なるべく計算量を少なくして解きなさい。

91.5×32＋0.915×4500－915×3.7

(横浜英和女学院中)

「915」に注目して小数点をそろえて分配法則に。

普通は真ん中の大きさにそろえます。この場合91.5がいいでしょう。積が変わらないようにかけ算の相手の数の小数点をずらします。

与式
=91.5×32＋91.5×45－91.5×37
=91.5×(32＋45－37)
=91.5×40
=3660 ……答え

特別課題 4

次の問題を，なるべく計算量を少なくして逆算しなさい。

$111 \times 11 - \{121 \times 9 + 11 \times 11 \times (\square \times 11 - 11)\} = 11$

(本郷中)

還元算では，「計算ができる箇所は先に済ませておく」が原則なのですが，実はこの問題ではかけ算のかたまりのまま残しておくのがポイントです。

いきなり111×11や121×9の筆算を始めるようでは勝ち目はありません。11にからむ分配法則を使いなさいという出題者のメッセージを見抜くことが重要です。

111が11とは無関係な事や，121=11×11を事前に見抜く洞察力が試されます。

下線部はかたまりのまま残し，計算手順の番号をふります。

$\underline{111 \times 11} - \{\underline{121 \times 9} + \underline{11 \times 11} \times (\square \times 11 - 11)\} = 11$
　　⑤　　　　　④　　　　③　　①　　②

大きい番号から丁寧に逆算を進めます。

⑤ $111 \times 11 - 11 = (111 - 1) \times 11 = \underline{110 \times 11}$

④ $110 \times 11 - 121 \times 9$
　$= 110 \times 11 - 11 \times 11 \times 9$
　$= (110 - 99) \times 11$

222

$=11×11$

③ $11×11÷(11×11)=1$

② $1+11=12$

① $12÷11=\dfrac{12}{11}=1\dfrac{1}{11}$ ……答え

特別課題 5

次の問題を，なるべく計算量を少なくして解きなさい。

図のような立方体を4つの点A，B，C，Dを通る平面で切ったとき，小さい立体と大きい立体の体積の比をもっとも簡単な整数の比で求めなさい。 （大妻中）

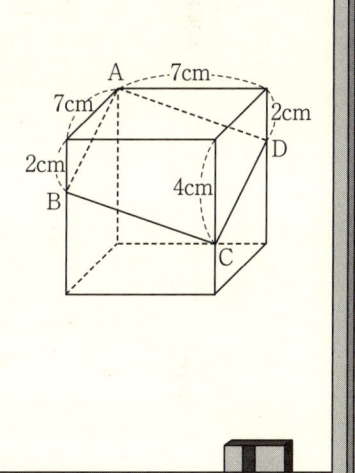

柱体の斜め切断は高さをどう扱うかがカギです。

|柱体の体積＝底面積×高さ|

ですが，この問題では大小の立体の底面積は等しいですか

223

ら，高さの比だけで体積比が決まります。
実際の体積を求める必要はありません。

> 立方体の高さ4本の合計は
> $7 \times 4 = 28 \text{(cm)}$
> また上の小さい立体の高さ合計は
> $2 + 4 + 2 = 8 \text{(cm)}$
>
> よって体積比は，
> 　　小さい立体：大きい立体
> $= 8 : (28 - 8)$
> $= 2 : 5$ ……答え

特別課題 6

次の問題を，なるべく計算量を少なくして解きなさい。

$$\frac{1}{2} + \frac{1}{4} + \frac{1}{8} + \frac{1}{16} + \frac{1}{32} + \frac{1}{64} + \frac{1}{128} + \frac{1}{\square} = 1$$

(広尾学園中)

これは通分したい衝動を抑えて，次のように考えれば一瞬で解けます。

たかが計算，されど計算

分母に注目すると規則的な2の累乗になっています。たとえば $\frac{1}{2}+\frac{1}{4}+\frac{1}{8}+\frac{1}{16}$ を下のように図で表して考えてみます。

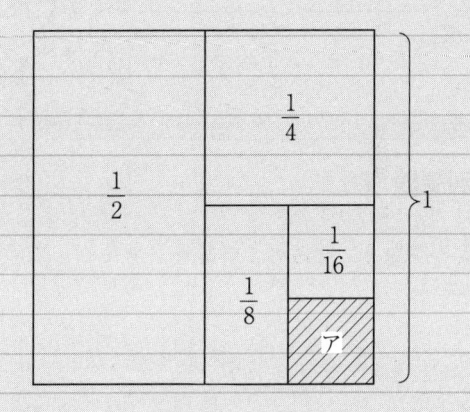

最後に右下に残ったアの大きさは $\frac{1}{16}$ です。つまり最後に加えた $\frac{1}{16}$ と全く同じ大きさの四角形が余白として残ります。よって，本問では最後に $\frac{1}{128}$ まで加えていますから残る余白の大きさも $\frac{1}{128}$ 。$\frac{1}{128}$ を加えれば全体は1となります。

$$\frac{1}{2}+\frac{1}{4}+\frac{1}{8}+\frac{1}{16}+\frac{1}{32}+\frac{1}{64}+\frac{1}{128}+\frac{1}{128}=1$$

より

□=128 ……答え

特別課題 7

次の問題を，なるべく計算量を少なくして解きなさい。

1234×766+234×234

(逗子開成中)

234+766=1000を初めに見抜ければ至って簡単な問題ですが，まともに筆算すると時間を空費してしまうでしょう。

与式
=(1000+234)×766+234×234
=1000×766+234×766+234×234
=1000×766+234×(766+234)

$$= 1000 \times 766 + 234 \times 1000$$
$$= 1000 \times (766 + 234)$$
$$= 1000 \times 1000$$
$$= 1000000 \cdots\cdots 答え$$

特別課題 8

次の問題を，なるべく計算量を少なくして解きなさい。

$$2011 \times 2011 - 2010 \times 2010$$

(逗子開成中)

正面から筆算で取り掛かるのはやめましょう。
面積図に表すと下のようになります。

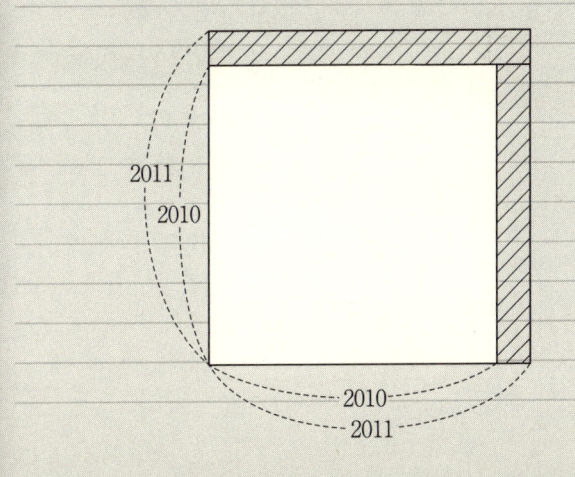

▨の幅はどこも，
2011−2010＝1
だから，分割して
2011＋2010＝4021……答え

索　引

〈欧文〉

G.C.D	161
L.C.M	88, 94

〈あ行〉

植木算	10
追いつき算	30

〈か行〉

加減法	196, 198
合成数	56, 101

〈さ行〉

最小公倍数	88, 94, 196, 213
最大公約数	161
樹形図	74
消去算	88, 110, 196
すだれ算	161
素因数分解	17, 54, 96
素数	101

〈た行〉

互い素	13
旅人算	29, 182
つるかめ算	80
出会い算	30, 190
展開図	122
てんびん図	59
等積変形	23, 43
トーラス	42

〈は行〉

場合の数	74, 143, 148
倍数算	104, 109
倍数変化算	113
罰則のあるつるかめ算	80
パップス・ギュルダンの定理	40, 45, 69
分配法則	66, 93, 219, 221, 222

〈ま行〉

見取り図	36
面積図	59, 227

〈や行〉

約数	53, 91
ユークリッドの互除法	161

〈ら行〉

流水算	88
連除法	161

N.D.C.410　　229p　　18cm

ブルーバックス　B-1841

難関入試 算数速攻術
(なんかんにゅうし　さんすうそっこうじゅつ)

発想と思考力の勝負！

2013年11月20日　第1刷発行

著者	中川　塁 (なかがわ　るい)
発行者	鈴木　哲
発行所	株式会社講談社
	〒112-8001 東京都文京区音羽2-12-21
電話	出版部　03-5395-3524
	販売部　03-5395-5817
	業務部　03-5395-3615
印刷所	(本文印刷) 慶昌堂印刷株式会社
	(カバー表紙印刷) 信毎書籍印刷株式会社
本文データ制作	WORKS
製本所	株式会社国宝社

定価はカバーに表示してあります。
©中川　塁　2013, Printed in Japan
落丁本・乱丁本は購入書店名を明記のうえ、小社業務部宛にお送りください。送料小社負担にてお取替えします。なお、この本についてのお問い合わせは、ブルーバックス出版部宛にお願いいたします。
本書のコピー、スキャン、デジタル化等の無断複製は著作権法上での例外を除き禁じられています。本書を代行業者等の第三者に依頼してスキャンやデジタル化することはたとえ個人や家庭内の利用でも著作権法違反です。
R〈日本複製権センター委託出版物〉複写を希望される場合は、日本複製権センター (電話03-3401-2382) にご連絡ください。

ISBN978-4-06-257841-7

発刊のことば

科学をあなたのポケットに

二十世紀最大の特色は、それが科学時代であるということです。科学は日に日に進歩を続け、止まるところを知りません。ひと昔前の夢物語もどんどん現実化しており、今やわれわれの生活のすべてが、科学によってゆり動かされているといっても過言ではないでしょう。

そのような背景を考えれば、学者や学生はもちろん、産業人も、セールスマンも、ジャーナリストも、家庭の主婦も、みんなが科学を知らなければ、時代の流れに逆らうことになるでしょう。

ブルーバックス発刊の意義と必然性はそこにあります。このシリーズは、読む人に科学的に物を考える習慣と、科学的に物を見る目を養っていただくことを最大の目標にしています。そのためには、単に原理や法則の解説に終始するのではなくて、政治や経済など、社会科学や人文科学にも関連させて、広い視野から問題を追究していきます。科学はむずかしいという先入観を改める表現と構成、それも類書にないブルーバックスの特色であると信じます。

一九六三年九月

野間省一